童云 张宗群◎编著

中国农业大学出版社

图书在版编目（CIP）数据

一壶普洱 / 童云，张宗群编著. --北京：中国农业大学出版社，2011.9
ISBN 978-7-5655-0395-5

Ⅰ.① 一…　Ⅱ.① 童…　② 张…　Ⅲ.① 普洱茶-文化-云南省
Ⅳ.① TS971

中国版本图书馆CIP数据核字（2011）第166974号

书　名　一壶普洱

作　者　童　云　张宗群 编著

策划编辑　张 蕊　张 玉　　　责任编辑　张 玉
封面设计　一 度　　　　　　　责任校对　陈 莹　王晓凤
出版发行　中国农业大学出版社
社　　址　北京市海淀区圆明园西路2号　　邮政编码　100193
电　　话　发行部 010-62818525，8625　　读者服务部 010-62732336
　　　　　编辑部 010-62732617，2618　　出 版 部 010-62733440
网　　址　http://www.cau.edu.cn/caup　　e-mail cbsszs@cau.edu.cn
经　　销　新华书店
印　　刷　涿州市星河印刷有限公司
版　　次　2011年10月第1版　2012年3月第2次印刷
规　　格　787×1092　16开本　12.5 印张　230 千字
定　　价　48.00元（附赠DVD光盘）

序

一壶普洱 心纳万物

现在书店里卖的与茶有关的书很多，说明随着中国人生活的日渐小康，生活的情趣也在日益提高。喝茶的人多了，想喝出点意思来的人也多了，喝茶不仅仅是为了止渴，也不仅仅是品尝滋味，而是上升为一种精神的享受，我想这大约就是茶书需求量大的主要原因。由这种现象也可以看出人的文化素质的提高。

仅就我个人交往所及，有不少熟人原本是不大喝茶的，但几年之后，却突然变成了喝茶的高手，对茶的了解竟然到了细致入微的地步，而且沉浸其中，自得其乐。推而广之，可以想见，这些年里，一定有很多人由茶的外行变成了内行。喝茶在古代就是文人雅事，现代人热衷于喝茶，多半是因为压力沉重，心绪浮躁，一杯清茗在手，会让人感到神定气闲，宁静安适。安贫乐道说不上，真正会喝茶的人一定不会穷奢极欲，献身于追名逐利。

虽然普及性的茶书很多，真正写好并不容易。我在书店也曾浏览过，说得对不对倒在其次，主要问题是只有知识的堆积，缺少个人的体验，本来是写给大众看的，读起来却像高头讲章，既无个性，也不亲切。我一直喜欢如朋友闲谈一样的茶书，既增加了知识，也不觉得枯燥烦累。可惜这样的茶书太少，究其原因，可能是专家写这类书太像教科书，而非专家又不肯写。

童云女士的专业并非茶学或茶文化学，却在几年的时间里变成了一个茶的内行。这期间她大约下了很大的工夫，读书、实地考察、结交茶界的朋友，当然更多的是认真喝茶。有人会问：喝茶也需要认真吗？当然需要。不仔细品味，再好的茶也喝不出味道来。这倒让我想起一件事情来，前些天去吃饭，是泉州菜，有一个炸五香。我吃了只是觉得好吃，一个以前的学生却能分辨出里面放了哪些原料，这等本领实在让我佩服。童云女士在喝茶上大概也有这种本领，可以到评茶会上去当专家。只是不知道有没有人请。

她前两年已经出版了一本《茶之趣》，听说销量很不错。那本书出版前我就看过，当时就断定会受欢迎，理由是写得很放松，不是把自己当专家向读者灌输茶的知识，只是讲自己喝茶的乐趣。这回她又和张宗群女士合写了这本《一壶普洱》，风格一仍其旧，让人不知不觉间就把书看完了。

两位作者都是云南人，喜欢普洱茶很自然。过去喝普洱的人主要集中在中国西南地区和香港，现在北方也有不少人爱喝普洱茶。普洱茶和北方人喝惯了的绿茶、花茶相比，无论色香味差别都很大，怎么突然喜欢上了呢？除了商业上的宣传，是不是还有别的原因，我说不清楚。也许是包装的缘故。过去北方人很容易以为普洱茶是比较低级的茶。普洱茶的包装大都很简朴，华丽的不多。其实普洱茶是很好的茶，皇帝爱喝，贾府里的老太太也爱喝。但是真正能品味出不同产地、不同年份的普洱茶之间的区别究竟有多少人可不好说。我也喝普洱茶，却从来喝不出好坏来，所以对书中描写的对普洱茶滋味那种细入毫芒的感觉实在钦佩。

中国古人喝茶有四个要素，即茶、茶具、环境、同饮人数，现在这种精致的讲究已经很少见了。我们的生活因缺少诗意而日见粗糙。客来敬茶的传统还有，但茶具、环境则过于粗陋，即便是在茶馆或茶楼，也是闹哄哄的。人们到那里去的目的似乎是打牌，而不是喝茶。而童云这样的女性却在自己的日常生活中自然而然地接续了我们古老的传统，书中那些对自己喝茶过程与心境的描写，显示了一种对精致的生活趣味的追求，加以女性的敏感与细腻，造成了个人的饮茶艺术，较之于商业化的生造的其实并无精神内涵的所谓茶艺，这种个人的饮茶艺术的灵魂是通过茶表达了对诗化生活的理解与追求，却也正因其不故作高雅而难能可贵。之所以能如此，盖出于对茶的真正热爱，这种热爱正是出于对日见功利的市俗生活的不满与抵抗。也许多年之后，这本书会成为了解21世纪初期中国茶文化状况的重要材料，而且是比那些统计数字更鲜活更有生命力的，因为它有人的灵魂对现实生活的感应。

童云和张宗群两位爱普洱茶之人，把自己与茶之间水乳交融的关系细致入微地写了出来，并付梓出版，其实是在结缘，是寻找与呼唤更多的同道，并与他/她们经由茶而心心相通。

徐晓村

2011-3-28

前言

与茶人做朋友真好

这是一次爱普洱茶的茶人及品茶人之间的对话。

这是一本为新近热爱普洱茶的粉丝们特别打造出来的闲时翻看的图书。

茶是我国古代的第五大发明，为社会和谐、人类健康创造了一种生活方式。而云南普洱茶更被称为能喝的古董、霸王茶等。

现而今，提到云南，人们不由得就会想起普洱茶。正如说到杭州，人们就会想起西湖龙井；说到武夷山，就会想起大红袍一样。但是，作为云南马帮的后代，自己对于普洱茶的喜爱却得从本世纪初算起了。

从20世纪80年代中期离开云南以后，求学、工作、成家、添丁都在首都北京完成。也许是在外省人的眼中，云南人一向是落后、无文化的，因此自己除了正常的学习生活之外，主要精力就用来感受中国的文化了，而偏偏却忽略了云南本来就是一个文化意味很浓的地方，使得云南在自己的心目中仅仅成了老爹老妈所在的地方，成了故乡的代名词。因此，每次有假期的时候，总是一路飞奔进自己打小就生活的家中，难得抬起头来，四下望望。当然，老家的亲人们有自己的世界，所以，既然是回到自己的家中，家人放下了对游子的牵挂之心，认为你回家就好了，无需更多的陪伴。于是，每一次的假期都是在与亲友的吃吃喝喝、大玩大睡、晨昏颠倒中度过的。一年又一年，了无新意。

此时的自己作为爱茶之人，其实并不懂茶，对于究竟哪款茶适合自己还没有找到一个明确的定位。于是，茶友推荐龙井，便喝龙井；茶友推荐铁观音，便品铁观音；茶友推荐祁红，便饮祁红……但是，见到倮倮茶仓，喝过她冲泡的倮倮普洱茶以后，总算为自己找到了一种恰当的茶品。

从此，云南普洱茶，便成为了我的最爱。但凡对云南稍有点了解的人都知道，云南素以民族种类多而吸引着各地的游人。那么，当云南的茶人们把那一片片集日月之灵气，蕴人间之精华的古乔木树上长成的叶片，炮制成一饼饼、一沱沱的美茶，用山寨、火塘、太阳煨出一壶壶美茶，那晶莹的茶汁，或嫩绿，或橘红，或橙黄，或宝石般的尊贵……如此的诱惑，不知还有谁能抵挡得住！

霸气的普洱茶，终于使得自己潜下心来，认真地对普洱茶进行探究了。也就到了此时，自己才知道，自己的祖宗曾经也是行走在茶马古道上的茶人，一年又一年地经营着自己的马帮，遗憾的是，作为后人的我们，对这段历史了解得太少太少。

从此，每年例行的云南省亲活动，便增添了许多的内容。根据老辈人提供的一些线索，以一种文化探求的眼光去四处走走，四处交流。原来，老家周围的人们一直在以自己的方式品饮着普洱茶，只是他们的情感已经如同那陈年普洱一样醇厚朴实了。

那么，为什么曾经名扬四海的普洱茶会落魄到连我这种土生土长到18岁才离开云南的人都要借助博客的力量才能得到对她更为深切的感受，进而深深地爱上了她呢?

曾经有朋友问：你的博客名取为可普，是不是“可以喝普洱了”的意思？也许这正是作为马帮后代的自己在冥冥之中上天给的一种暗示：在众多的茶品中，普洱茶是最适合自己的一种茶了。

记得自己在拙著《茶之趣》中写到，天下茶品千千万，总能找到适合你的那一款。其实，写的时候，意思是讲绿茶、红茶、铁观音、黑茶等等，对于爱茶之人，总能找到喜欢的茶；而今天，自己更愿意把这句话用来表达对普洱茶的情有独钟。

虽然人在北方，但是，每次听到普洱茶的消息，总是激动地认为是在说与自己有关的消息。随着人们生活水平的提高，对普洱茶的要求也就越来越高了。

希望云南普洱茶代代相传，不仅能茶香云南，而且还能香至四海，我想这也是众多普洱茶新老粉丝们的共同愿望。

目录

contents

目录 contents

目录 contents

一碗茶

你可以喝普洱了

来，让我们先坐下来，备器，煮水，备茶，然后泡上一壶韵味十足的陈年普洱茶。在品饮这一碗又一碗的茶水之时，让我们的心情也随着茶水流淌起来。

普洱茶中蕴涵的文化

中国有着几千年的茶饮历史，茶文化源远流长、博大精深。茶在中国已经成为无法替代、文化深厚，健康长寿的饮品。一个简简单单的茶字，人们竟然也会运用古老的拆字法，把其拆为“二十加上八十八等于一百零八”来寓意人的108岁长寿，而素有能喝的古董美名的云南普洱茶正好满足了人们希望长辈长寿的美好愿望，这大概也是普洱茶又称为寿茶的原因之一了。“茶马古道”使普洱茶行销国内各省区，中国古典名著《红楼梦》第六十二回“寿怡红群芳开夜宴，死金丹独艳理亲丧”中，就有大观园里的贾宝玉喝普洱女儿茶的描述。今天，普洱茶已被世界人民所认知、接受和喜爱。

对于这早已家喻户晓的云南普洱茶，现代人更有自己的理解。来自中国第一魅力名镇和顺的达三茶客以自己多年云南茶山生活的经验总结出了云南普洱茶的“四项基本原则”，即云南的、大叶种、晒青、后发酵原则。同时，满足了“三好”，即好的原料、好的加工工艺、好的仓储条件的普洱茶，就是好普洱茶。爱普洱茶的你，可以放心大胆地饮用了。

普洱茶作为云南久享盛名的历史名茶具有特别的意义。普洱，哈尼语，其中“普”为寨，“洱”为水湾。当初为了便于马帮运输，茶叶被制成了紧压茶。在加工和运输储藏过程中，茶叶产生后发酵，形成了普洱茶独特的陈香味。

普洱茶远销新加坡、马来西亚、缅甸、泰国、法国、英国、朝鲜、日本和港澳台等国家和地区，在世界上享有盛名。在欧洲文献中，最早提到“茶”的是威尼斯人Giambattista Ram Wsio所著的《海陆游行记》。16世纪，茶叶传入欧洲，饮茶之风风行整个欧洲，中国的茶叶出口至外国各地。世界文豪托尔斯泰所著《战争与和平》中就有关于喝中国普洱茶的细致描写。

真正的饮茶者，以亲自泡茶为一种殊乐。实在说起来，泡茶之乐与饮茶之乐各居其半，正如大文人林语堂先生所说：“正如吃瓜子，用牙齿咬开瓜子壳之乐和吃瓜子肉之乐实各居其半。”

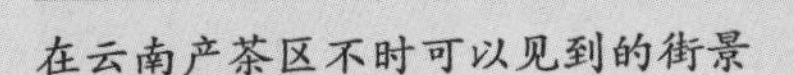
在云南产茶区不时可以见到的街景

茶马古道摆件

祖孙三代采茶图

普洱茶——能喝的古董

在普洱江湖中，流传着这样的一句话：没有人在自己的有生之年可以宣称自己了解普洱茶，因为一饼全新的普洱茶陈期何止百年，而人在百年之后，茶还在变化。其实，这也正是喝普洱茶的乐趣所在。有些忠实的“普粉”为了充分地体会普洱茶在转换过程中的乐趣，为每一饼普洱茶建立了品茶日记，每品一次就把自己的感受真实地记录下来，一次又一次，一年又一年。

所以，在流传祖辈做茶、子孙卖茶传统的今天，我们这些喜爱普洱茶的品茶之人，是不是也可以做到自己买茶，后代品茶呢？当然，要做到这一点，必须是在先满足了自己的味蕾之欲之后才可以实现的。这也就产生了“普粉”们会在每年新品出来的时候，买两份，一份藏起来，一份逐年品之的情景。当然，这里的“份”的量是与个人的经济能力相关的，或者是饼，或者是提，或者是件，或者是吨。而茶人就更是茶品售到一定程度以后就存了起来——坚决不卖！实在是因为陈年普洱的味道太好，自己也得满足自己的味蕾之欲。

老熟饼茶茶汤欣赏

孔明山的传说（张文悦绘，13岁）

普洱茶的传说

普洱茶的传说有很多个版本，其中最为人津津乐道的是布朗族茶祖叭岩冷的故事。话说叭岩冷发现了茶，还娶到了傣王的七公主，后来因为受到其他族王的嫉妒，被加害致死。在叭岩冷临死前，他对族人说："留给你们金银财宝总会有用尽的时候，就留下茶树吧，只要用勤劳的双手代代相传，就这是取之不尽的财宝！"

在关于普洱茶的传说中，还与东汉三国时期的诸葛孔明有关系呢。传说诸葛亮带兵路过勐海南糯山，士兵因为水土不服而生眼病，孔明以手杖插于石头寨的山上，奇迹出现了，那手杖竟然变成了茶树，并且很快就长出了新叶子。诸葛亮让士兵摘叶煮水，饮后病就奇迹般地好了。后来人们就把南糯山称为孔明山。孔明山周围的六座山大有"一人得道，鸡犬升天"的味道，也一齐出了名，成了出产普洱茶的六大茶山。

当然，历史学家还发现，其实在我国的进贡史上，普洱茶是进贡最早，进贡时间最长，进贡的量最大的（贡茶）。在宫廷里众多的人中，真正能用普洱茶的只有皇帝、皇太后，还有被皇帝赏赐的人。而一般的妃子们只能饮到黄茶。这足以看出普洱茶的地位。正如末代皇帝溥仪所言："普洱茶是皇室成员的宠物。拥有普洱茶是皇室成员尊贵的象征。"清嘉庆年间，军机处查抄和珅府之日，同时查抄了任过内务府大臣、工部尚书、户部尚书的福长安府邸，在军机处的财产抄没清单中，除了大量的金银财宝外，还清晰地记载着查得“普洱茶三百八十八团又五桶，茶膏一百九十匣”。当这份抄没清单送至嘉庆帝手中时，他下旨将其他财物均收归国有，只在普洱茶之上画了一个圆圈。这个圆圈便是皇上御用的标志。

或许是普洱茶的美味甘醇，打动了清朝皇室。或许是来自东北的满族统治者钟情于普洱茶的消积食、去胀满、克牛羊毒的功效。自雍正年间开始，普洱茶正式入册上贡清廷御用。

清雍正七年八月初六，即公元1729年9月28日，在云南巡抚沈廷正的宫中进贡单上，清晰地记录着“大普洱茶两箱，中普洱茶两箱，普洱大茶100个”。此后的两百多年里，普洱茶的身价一路飙升，并且成为王公贵族争相追捧的茶中尊品。

更有意思的是，在清代历朝的贡品进单上，来自云南的普洱茶，向来都是皇上御笔圈点的宠物，没有一次被画叉出局的。

小贴士

六大茶山

清乾隆进士檀萃《滇海虞衡志》载，“普茶名重于天下，出普洱所属六茶山，一曰攸乐、二曰革登、三曰倚邦、四曰莽枝、五曰蛮砖、六曰漫撒，周八百里。”

1957年11月至12月，西双版纳傣族自治州人民政府组织由云南省农科院茶叶研究所第一任所长蒋铨先生亲自参加的专业茶叶普查工作队，对古六大茶山进行了认真地实地普查，历时整整一个月，行程1200余里，走遍了古六大茶山的山山

易武茶山

水水、村村寨寨，走访了许多健在的男女老少，查看了许多碑石记录，历尽千辛万苦，搜集到了真实的第一手资料，为古六大茶山史料提供了宝贵的、不可磨灭的证据，向州人民政府作了口头及书面汇报。根据当时现存的茶山范围、茶园面积、茶叶产量，古六大茶山依次是易武、倚邦、攸乐(基诺)、漫撒、蛮砖和革登，州人民政府确认了他们的报告。

南糯山一棵500年以上的古茶树全景

小贴士

茶山传说

古“六大茶山”的命名，传说与诸葛亮有关。三国时期(公元220年～公元280年)，蜀汉丞相诸葛亮走遍了六大茶山，留下很多遗器作纪念，六大茶山因此而得名。清朝道光年间编撰的《普洱俯志古迹》中有记载：“六茶山遗器俱在城南境，旧传武侯遍历六山，留铜锣于攸乐，置铜鉧于莽枝，埋铁砖于蛮砖，遗木梆于倚邦，埋马蹬于革登，置撒袋于漫撒。因以其山名莽枝、革登有茶王树较它山独大，相传为武侯遗种，今夷民犹祀之”。古茶山中的孔明山巍峨壮观，是诸葛亮寄箭处（民间传说射箭处是普洱府城东南无影树山），上有祭风台旧址。

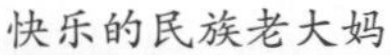
快乐的民族老大妈

好茶欣赏：普洱茶之紫芽普洱茶

赏茶

洗茶

冲泡第一泡

分茶

3～5泡茶汤欣赏

叶底欣赏

考虑到此茶的金贵，手拙的笔者便不敢动手去冲泡，只有动嘴享受的份儿。在茶友麻利地润茶、冲淋、泡的过程中，既养了眼又养了味蕾，好好地品饮了一番。

小贴士

几条茶谜

由于茶已经深入人心,因此,无论是素喜阳春白雪的文人骚客,还是被列入下里巴人的布衣们，于茶都是有许多有趣的茶谜可猜的。那么，爱茶的你，是否可以一读便知答案呢？或者读过之后你会为谜面与谜底的绝妙而拍手叫绝呢？

茶芽

茶谜一：茶

相传，古代江南一座寺庙里住着一位嗜茶如命的和尚。

虽说出家人需要修身养性，但是这并不妨碍他和寺外的某杂货铺老板成为谜友。在平常的来来往往中，以谜会话也成为了他们之间的一种独特的交往方式。话说有一天和尚的茶瘾、谜瘾齐发，就差使他的哑徒弟脚着木屐、头戴草帽去找店老板取一物。刚想吹灯上床休息的店老板，被小和尚又从床上叫起，但是该老板一看小和尚的打扮，二话没说，只是取了一包茶叶就把他打发走了。

原来，这是一道形象生动的"茶"谜。小和尚头戴草帽，暗合茶字上的草字头；脚下的木屐，为茶字下的木字底，中间站了一个小和尚正好是茶字中除去上下偏旁后余下的那个人字，组合起来就是一个茶字。

茶花

茶果

茶谜二：请坐、奉茶

这可是一条与风流才子唐伯虎有关的谜语故事了。话说一日祝枝山来到唐伯虎的书斋，与唐伯虎一起品茶猜谜。唐摇头摆脑地吟出了谜面："言对青山青又青，两人土上说原因，三人牵牛缺只角，草木之中有一人。"祝以如下方式道出谜底——只见他得意地敲了敲茶几说："倒茶来！"于是，唐就把祝请到太师椅上坐下，又示意家仆上茶。这个动作正是"请坐，奉茶"。

小贴士

茶与中国邮票

无独有偶，在我国推出的众多纪念邮票中，就有与茶，特别是云南普洱茶有关的话题。

1997年，对国家来说是一个极其重要的年份。在这一年里，香港成功地回归到了祖国母亲的怀抱中。不仅如此，这一年，对茶界来说，也是一个值得纪念的日子。因为在这一年里，茶人看到了我国第一套以茶为主题的特种邮票（1997–5茶（T））。

这套茶邮票共计4枚。

茶树

第一枚为生长在云南澜沧县的一棵古茶树。它是目前发现的世界上最古老的从野生型过渡到栽培型的茶树之一，距今约1000年，当地老百姓称之为“邦崴”大茶树。

茶圣

第二枚的主图是“茶圣”陆羽像，背景为中国茶叶博物馆。

茶器

第三枚的图案是陕西法门寺出土的鎏金银茶碾，是唐朝僖宗皇帝用过的茶器。

茶会

第四枚图案为明朝文征明的一幅纪实画——《惠山茶会图》，此图描绘了他和朋友在无锡惠山饮茶聚会的情景。

茶马古道

所谓茶马古道，实际上就是一条地道的马帮之路。茶马古道的线路主要有两条：一条线路从四川雅安出发，经泸定、康定、巴塘、昌都到西藏拉萨，再到尼泊尔、印度，国内路线全长3100多公里；另一条路线从云南普洱茶原产地（今西双版纳、思茅等地）出发，经大理、丽江、中甸、德钦，到西藏邦达、察隅或昌都、洛隆、工布江达、拉萨，然后再经江孜、亚东，分别到缅甸、尼泊尔、印度，国内路线全长3800多公里，这条线又称为滇藏线，这条国际大通道，在抗日战争中中华民族生死存亡之际，曾发挥了重要的作用。在两条主线的沿途，密布着无数大大小小的支线，将滇、藏、川“大三角”地区紧密联结在一起，形成了世界上地势最高、山路最险、距离最遥远的茶马文明古道。

茶马古道

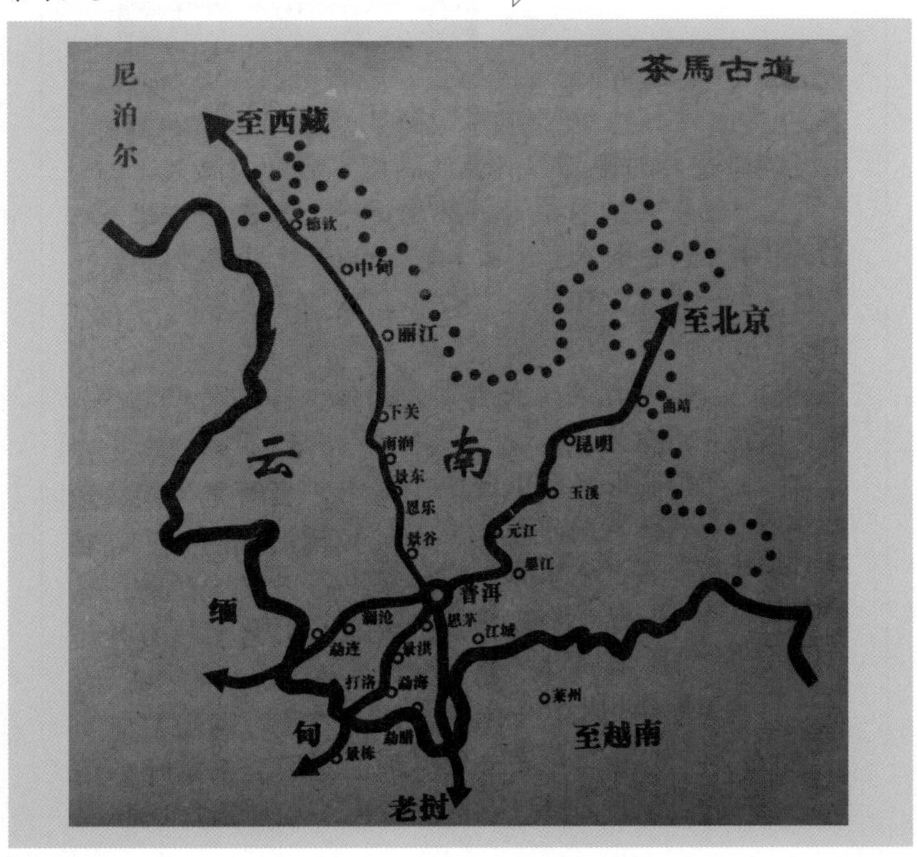

经我国历史学家多年的潜心研究得出，茶马古道起源于唐宋时期的“茶马互市”。因康藏属高寒地区，海拔都在三四千米以上，糌粑、奶类、酥油、牛羊肉是藏民的主食。在高寒地区，需要摄入含热量高的脂肪，但没有蔬菜，糌粑又燥热，过多的脂肪在人体内不易分解，而茶叶既能够分解脂肪，又能防止燥热，故藏民在长期的生活中，创造了喝酥油茶的高原生活习惯，但藏区不产茶。在内地，民间役使和军队征战都需要大量的骡马，且供不应求，而藏区和川、滇边地则产良马。于是，具有互补性的茶和马的交易即“茶马互市”便应运而生。这样，藏区和川、滇边地出产的骡马、毛皮、药材等和川、滇及内地出产的茶叶、布匹、盐和日用器皿等，在横断山区的高山深谷间南来北往，流动不息，并随着社会经济的发展而日趋繁荣，形成一条延续至今的“茶马古道”。

记得在2005年曾经热播过的一部名为《茶马古道》的电视剧就对此给予了生动的演绎。当时自己边解着准备品饮的普洱茶边观看此剧的情景至今还记忆犹新。

在古道上是成千上万辛劳的马帮，日复一日、年复一年，在风餐露宿的艰难行程中，用清幽的铃声和奔波的马蹄声打破了千百年山林深谷的宁静，开辟了一条通往域外的经贸之路。因此，关于茶马古道有对联云：滔滔沧江洗出千年古茶留勐海，浩浩雨林孕育万种香茗汇此园。横批为：神奇茶乡。

2005年临行前的进藏马帮

昔日忙碌的老街今日安静了

如今，在几千年前古人开创的茶马古道上，成群结队的马帮身影不见了，清脆悠扬的驼铃声远去了，远古飘来的茶草香气也消散了。然而，留印在茶马古道上的先人足迹和马蹄烙印，以及对远古千丝万缕的记忆，却幻化成华夏子孙一种崇高的民族创业精神。这种生生不息的拼搏奋斗精神将在中华民族的发展历史上雕铸成一座座永恒的丰碑，千秋万代闪烁着中华民族的荣耀与光辉。

说到茶马古道，当说的就是马帮进京了。

2005年，一支由云南贡山、丽江、腾冲、思茅、西双版纳等地的6支马队、6位马锅头、37位赶马人及120匹骡马组成的云南大马帮，驮着普洱茶，于当年的5月1日从云南的普洱县出发，跨过长江、黄河，翻越乌蒙山、哀牢山、秦岭、太行山，徒步穿越了云南、四川、陕西、山西、河北等省，在行程4100多公里、历时5个多月之后，顺利抵达北京，并将运到北京的普洱茶进行现场义拍义卖，所得钱款用于在云南建设希望小学。这次重走300多年前的茶马古道的贡茶之旅，被称为“马帮进京”。京城的百姓非常关注这一盛事，买一块纪念饼、了解普洱茶的历史和茶性、与马锅头合影成为了当时的热门活动，甚至收藏普洱茶都成了一种时尚。

偶尔还有马帮走过的老街

当然，作为云南普洱茶的铁杆粉丝，自己自然也是此次活动的关注者，收藏一套“马帮进京”成了不二的选择。

我收藏的编号为046的马帮进京纪念茶

“马帮进京”，不但让茶马古道的典故深入人心，还带动了普洱茶在全国特别是北京市场的消费。位于北京市宣武区的马连道是赫赫有名的中国茶城，如今，上千家茶叶铺子里都有普洱茶卖。据说，在接下来的2006年，仅马连道市场普洱茶销量就较上年翻了一番。

进京马帮1号马驮运的砖茶

茶礼茶俗

说到与茶相关的礼节，在具有悠久传统文化的中国，实在太多太多了。这里列举几个常见的礼节，就算是抛砖引玉吧。

揭盖续水

在茶馆中不可不知的一条规矩，就是客人揭盖表示需要续水了，只是现在的茶馆里的服务员，知道这个细节的已经不多了。如果你在茶馆里泡上一壶茶喝着聊着，要续水了，只将茶壶盖揭开一点，搁在茶壶上，服务员是不会主动上来为你续水的，这时候，你还必须直着嗓门大喊一声：“服务员，续水！”，服务员才会过来。端端地增加了

茶壶

茶馆里的噪声，于茶人也是一件很无奈的事情。

说起来，揭盖续水的规矩也是有故事可讲的。曾为大清朝打江山时立下大功的八旗军，到了和平时期，在他们的后代中就产生了一批游手好闲的八旗子弟，成天就是遛鸟、喝茶、斗蛐蛐。当然，这些人也有无聊的时候，有人就打开鸟笼把笼子里的鸟儿放进茶壶里，然后大声嚷嚷着续水。跑堂的小厮跑过来兴致勃勃地打开茶壶盖子准备续水，还没看清楚怎么回事呢，茶壶里的鸟儿已然"扑哧"一声冲出来，扑闪着翅膀飞走了。接下来发生的事情是不用讲大家也可以想象得出来的。肯定是一个要陪，一个大喊冤枉啊！只是，从此茶馆里的服务人员们可是抱定了一个宗旨，那就是今后的客人要续水，必须自己揭开盖子，以免再节外生枝。这也算是源于生活，用于生活的一条规矩了。

屈指代跪礼的由来

清朝年间的某个酷夏，素喜微服私访的乾隆爷和几名随从到了江南名城苏州，信步走进了一家看上去生意很红火的茶馆，只想小歇片刻，饮上壶解渴的茶水便继续前行。不想该茶馆里人来人往，生意火暴得很，伙计们忙得脚后跟朝前翻也招呼不过来。干渴已久的乾隆见此情景就拿起茶壶亲自倒起茶来，随从们见到主子的举动，惊恐万分地想依照平日的做法跪下谢主龙恩，但又怕暴露皇上的身份，招惹不必要的麻烦，但是不跪下又违反了宫中的礼节，或许会被扣上一顶对君王不敬的罪帽。怎么办呢？随从们也不愧是跟在乾隆身边见多识广之人，一名随从急中生智地迅速伸出右手，将中指和食指弯曲放在桌面上形成双膝跪下的姿势，朝乾隆轻叩了几下。其他随从见此情景，如释重负地纷纷效仿，以谢龙恩。兴致很好的乾隆见机智的随从们能够在这种情况下采取如此意趣十足的举动，既顾及了当时的场面，又不失礼节，不觉龙颜大悦。事后，此行的一干人等都得到了乾隆的嘉奖。都说伴君如伴虎，一不小心就会株连九族，但是，"君"毕竟也是人啊，所以，在所有人的精心侍奉下还是高兴的时候更多一些，而且这位"君"祖上传下来的习俗就是一高兴就要进行不同层次的赏赐。因而，但凡有点儿志向的有识之士还是愿意离"君"近一些，这样通过借势就可以实现自己报效国家的志向。

慢慢地，这种礼节也传入到了民间。最先是在广东一带流行，后来也就蔓延开来了。人家替你倒茶，你伸出手指叩击一下桌子，算是表示敬谢之意。最早的时候，喝茶的广东人遇到对方添水，如果是一个人，就伸出一根手指做一个屈指代跪的动作，两个人一起就伸出二根手指，全家老小都到场时，就会有长者伸出一手五根手指行礼。不过，不论伸出几根手指，主要就是表达一种谢意，所以，到了现代，人们就进一步扩大了它的使用范围，首先是基本上统一为一二根手指，也不一定要屈不可，敲两下就算是意思到了；而且人们不管是倒茶水还是倒酒，都用到了此礼节。

小贴士

在喝茶的时候，
你知道如何对客人表示尊重吗？

《礼记》中说："尊壶者，面其鼻。"这里鼻的意思其实指的就是茶壶柄。在茶馆里和朋友小坐，如果你以茶壶柄面对朋友，是表示礼貌和尊重；而将茶壶嘴对着朋友就显得很不礼貌了。这种情况下，朋友有可能会认为你不懂规矩，了解你的朋友，认为你无知就行了。如果是不了解你的朋友，那么问题就有点儿严重了，他会想你是明知故犯，有什么过不去的就直截了当地打开窗户说亮话好了，为什么要如此拐弯抹角地弄个茶壶来说事呢！这样的喝茶结果定是不欢而散了。记得有位女友在和自己的男友交往了一段时间以后，被男友带到了父母大人面前，在欢乐的宴席上，就是这一个小小的"茶壶嘴"，使得双方其乐融融的情景产生隙缝，未来的公婆认定女友没有礼数，于是女友就被打小对自己父母言听计从的男友打入了冷宫。接下来的故事结局自然也就是分手了。

以茶代酒——一个文雅的词汇

相传在三国时期，在时人中非常盛行饮茶。东吴末代国王孙皓是一个专横跋扈、骄奢淫逸的国王，成天沉迷于饮酒作乐之中。孙皓有一个不成文的规定，就是凡参加酒宴者必须至少喝七升酒，而且每次举杯必须一饮而尽，且要把空杯向众人展示，否则就要让侍卫硬灌。这种风气让当时孙皓最为宠爱的臣子之一，一位名叫韦曜的大臣非常为难。此公不会饮酒，别说完成七升的量了，就是二升酒下肚便会烂醉如泥，出尽洋相。于是，孙皓就特许司酒官为他准备好清茶，为他倒酒时就以茶水替换。从此，有国君撑腰的韦曜在酒桌上便每杯必尽，表现极为豪爽。只是，那时候除了国君和司酒官了解内情之外，别的人都蒙在了鼓里。

后来这个以茶代酒的故事也就流传了下来，这个词还一度成为文人名士酒宴之上常常谈论的话题，渐渐地竟然成为了一个文雅的词汇。

聘礼茶

亦称“下茶”、“茶礼”，定亲的聘礼。因传统上聘礼多用茶，因此得名。当然，以茶为礼，亦取了茶种“不移”之意，寓意为双方白头偕老的意思。当然，这聘礼茶的准备也是颇有讲究的——如果是男方，送的茶必须用瓷瓶装成双数，其寓意为成双成对。如果是女方，则要将收到的聘礼茶分赠亲友享用。女方收聘礼茶也有自己的名字，称为“受茶”。时至今日，人们有时已不用茶叶来做聘礼了，但仍称为“下茶”。看到这里，如果尊敬的茶友你还待字闺中的话，一定要注意：姑娘只能受一家茶礼，否则会被世人耻笑。因为“吃两家茶”是不道德的行为。

三茶六饭

即每天享受到三遍茶，六餐饭。古时三茶六饭是形容生活富足，吃喝齐全之意。这从中国的名著中就可以看出来。如清代文学大师曹雪芹的《红楼梦》中第六十八回写到：“现在三茶六饭，金奴银婢的住在园里。”如明代兰陵笑笑生的《金瓶梅》中第十二回写到：“照顾你一个钱，也是养身父母，休说一日三茶六饭服侍着。”

茶话会

作为职场中人，你肯定或多或少地组织、参加过各种名目的茶话会。其实这也是有说法的。关于“茶话”，宋代方岳有诗云：“茶话略无尘土杂，荷香剩有水风兼。”清同治时期也有“上人邀余茶话，茶味甚奇”的记载。关于茶会，则是一种社会活动的代名词。古时人们聚会饮茶，同时论佛谈玄，多在新茶采制之后进行。也有商人在茶楼边饮茶边谈生意的聚会。各行各业的商人一般会在固定的茶楼聚会。

佳客小坐

二碗茶

饮者必备的普洱茶知识

易武老街茶农制茶

最早出现的普洱记载应该是在明朝万历年间《云南通志》中。据历史学家研究，从商周时期开始，云南的濮族人已经种茶，也开始了茶叶制造。而那时的濮族人，即是现今生活在云南的彝族、布朗族、瓦族、德昂族人的祖先。如此算来，茶在云南已有3000多年的历史了。

究竟什么是普洱茶?

根据云南省标准计量局2003年3月公布的普洱茶的定义，我们可以知道，普洱茶是以云南省一定区域内的云南大叶种晒青毛茶为原料，经过加工后进行后发酵的散茶和紧压茶。

当初为了便于马帮运输，茶叶被制成了紧压茶。在加工和运输储藏过程中，茶叶产生后发酵，形成了普洱茶独特的陈香味。普洱茶分两种，即传统普洱生茶和现代熟茶。现代熟茶以晒青毛茶，经渥堆、提前进行普洱茶的发酵而制成成品。色泽乌润或褐红，俗称猪肝色；茶汤红浓明亮；成品茶的形状有饼、砖、沱、柱、瓜等造型；普洱茶独特的制法造就了它特殊的品质风格。传统普洱生茶则以传统工艺制成，成品随时间推移进行氧化，称后发酵；滋味醇厚回甜，具有独特陈香。普洱茶香气风格以陈为佳，越陈越好，保存良好的陈年老茶售价极高。普洱茶不仅为饮用佳品，也具有很好的药用保健功效。经中外医学专家临床试验证明，普洱茶具有降血脂、降胆固醇、减肥、抑菌、助消化、醒酒、解毒等多种作用，普洱茶从其成分到其保健作用，从其生产到消费都注入了中国特殊的文化。以至于发展到了今天，竟然成了衡量人们生活质量的标准，同时消费普洱成为品饮茶道、修身养性的最高标志。

好茶欣赏：景迈野生古树茶饼

景迈野生古树茶饼

景迈野生古树茶饼1～6泡茶汤欣赏

小贴士

普洱茶的好伴侣——螃蟹脚

螃蟹脚是一种寄生在树龄较高的古乔木茶树上的寄生物。因它的颜色是绿色（但采摘晒干后变成棕黄色）形如蟹肢而得名。别名有螃蟹脚、螃蟹夹、栗寄生、寄生包、枫香寄生、风饭寄生、路路通寄生、百子痰梗等，只有在上百年的古茶树上才能找到它。也许是它和老茶树长在一起，吸了茶树的灵气，自己也成“精”了。据医学专家考证 “螃蟹脚”其性寒凉，味微酸，饮之后回甘爽甜，能够清热解毒，健胃消食，清胆利尿，降低血脂，辅助治疗肝炎。据称，螃蟹脚在治疗癌症方面还颇有一手呢！有些普洱茶上还特意注明里面加有此物，于是使得该普洱茶也显得更加珍贵起来。

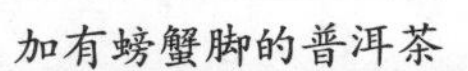

加有螃蟹脚的普洱茶

普洱茶竹壳包装的原料来源

普洱茶的包装

普洱茶的包装一直较为朴素，一般分为三层。最里面的是内飞，内飞一般为3厘米大小，在压制前放在茶里。经过加工，内飞一般都可以明显外露，但已经与茶叶紧紧地粘连在一起。内飞相当于产品介绍，一般写有茶饼的出处和采茶时间。第二是外飞，也就是包裹在饼茶外面的绵纸，外飞一般为白色。外飞上印制有茶饼生产厂家的全称和Logo、茶饼名称等重要信息。

最后就是竹皮，通常是削成软条状，茶人用此进行包裹后就可以上路运输了。普洱茶人都相信，这普洱茶特有的竹皮包茶，正是造就普洱茶越陈越香的好办法。

普洱茶的包装

小贴士

内飞

一张印有商标、厂商、宣传广告等资料的小纸条。通常被茶叶覆盖着压在茶饼正面，不易脱落。

内飞

内票

一张大的说明书。通常夹在包装纸与茶饼之间。一般是一饼一张，与茶饼不粘连，可任意拿起。

内票

普洱茶发展到了今天，随着人们对普洱茶文化认识的深入，生产厂家对包装的设计已不再单纯只为显示产品信息，而是越来越彰显普洱茶文化更为丰富的内涵了。特别地，还搭载了四大名著、古典诗词、珍品字画等中国元素在普洱茶里，使其有了更加广阔的展示空间。从而使得普洱茶除了品饮之外有了更多被人们喜爱、收藏的理由。

普洱茶的种类

从加工方式上来讲，分为生普、熟普；从形状上来讲，饼、砖、沱三种形状最为常见。其中以饼状居多，规格也都是约定俗成的直径20厘米，中心厚2.5厘米，边厚1厘米，净重约357克；砖茶规格为长14厘米，宽9厘米，高2.5厘米，每片重250克；沱茶为碗臼形，口径8.3厘米，高4.3厘米，单个重有50克、100克、250克三种。

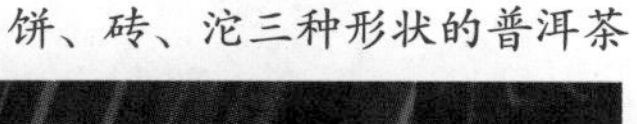
饼、砖、沱三种形状的普洱茶

光看规格就可以想象出茶叶紧实的程度，对刚刚接触到普洱茶的人而言，如何冲泡这样的茶叶成了最大的困难。于是乎，被称为金弹子的迷你型普洱茶也就应运而生。

迷你型普洱茶

小包装不仅方便携带，也非常符合国际市场需求。一般而言，每一小包装的分量刚好是一泡，这样的改变大大方便了喝茶人。大概就是基于此，“普粉”们还给了其一个“旅行装”普洱茶的好名字。还有的普洱茶厂家，考虑到现代人生活节奏快，无时间体会普洱茶的冲泡快乐的难题，生产出了普洱茶粉，让爱普洱茶的你也可以像品速溶咖啡一样，快速地品饮到心仪的普洱茶。

普洱茶粉

普洱茶的鉴赏

何谓好普洱？这是茶友最常问的一个问题。懂茶的人都知道，在对健康无害的先决条件下，茶无真假与优劣之分，而是依每个人的品味、口感、身体状况、经济能力、价值观等而异。通常情况下，茶友择茶遵行的原则有三个：

其一，健康原则。即不喝有农药残留的茶，不喝发霉的茶，不喝自己身体承受不了的茶，让自己的身体做主。

其二，口感原则。即每个人个体的差异，导致标准的不同，喜好的不同，要有主见，让自己的味蕾做主。

其三，经济原则。不论是何种名牌的茶不论多么好喝，超过了自己的经济承受能力，就该置之不理，让自己的钱包做主。

只要以这三个“做主”为原则来择茶，就可以用那句话来描述了：世间茶品千千万万，总有一款属于你！

普洱茶诗

据考据，从商周时期开始，茶便与云南的山山水水结下了难解之缘。其中，自然不乏为普洱茶而倾倒的文人骚客。于是，各种对普洱茶的描述真的是不胜枚举。这些诗歌中，有的描写了采茶的情景，有的描写了制茶的情景，有的描写了品茶的情景……在此，仅从邓时海先生所著的《普洱茶》一书中摘抄距今亦百年以上的一首名为《采茶曲》的诗，此诗描写了茶人一年四季的茶事。作者黄炳，广东人，清光绪年间任景东郡守，是当时云南省诗坛一位有名的诗人。

民族采茶图

采茶曲

正月采茶未有茶，村姑一队颜如花。
秋千戏罢买春酒，醉倒胡麻抱琵琶。
二月采茶茶叶尖，未堪劳动玉纤纤。
东风骀荡春如海，怕有余寒不卷帘。
三月采茶茶叶香，清明过了雨前忙。
大姑小姑入山去，不怕山高村路长。
四月采茶茶色深，色深味厚耐思寻。
千枝万叶都同样，难得个人不变心。
五月采茶茶叶新，新茶远不及头春。
后茶哪比前茶好，买茶须问采茶人。
六月采茶茶叶粗，采茶大费拣工夫。
问他浓淡茶中味，可似檀郎心事无。
七月采茶茶二春，秋风时节负芳辰。
采茶争似饮茶易，莫忘采茶人苦辛。
八月采茶茶味淡，每于淡处见真情。
浓时领取淡中趣，始识侬心如许清。
九月采茶茶叶疏，眼前风景忆当初。
秋娘莫便伤憔悴，多少春花总不如。
十月采茶茶更稀，老茶每与嫩茶肥。
织罽不如织素好，检点女儿箱内衣。
冬月采茶茶叶凋，朔风昨夜又今朝。
为谁早起采茶去，负却兰房寒月宵。
腊月采茶茶半枯，谁言茶有傲霜株。
采茶尚识来时路，何况春风无岁无。

普洱茶与花

也许是因为云南一向四季如春的原因，导致云南人也占了这一年四季鲜花不断的天时与地利，其中最受欢迎的应该就是菊花了。在清代文人兼大玩家李渔老先生的眼中，菊花被称为是“秋季之牡丹、芍药也”。想来这菊花的确是好生了得，不仅在云南人每天必吃的米线中有她——菊花米线，而且在云南人来回走动的巷子也有她——菊花巷。那么，被用来制作成具有云南特色的花茶也就不奇怪了。

尽管什么都不加的普洱茶美容功效已经相当好，如果你还想让效果大大加强，那么你可以在冲泡的时候添加一些恰当的成分。

菊花普洱茶，这种云南人眼中的花茶在著名作家林清玄先生的心中可谓是地位不轻呢，被称为“最佳拍档”。他认为普洱浓沉，菊花清淡；普洱涵蕴内敛，菊花香气清扬；普洱好像大户人家的厚墙高瓦，菊花则是墙内变化万千的花园景致。

配方一：菊花普洱茶

配料：普洱茶、干菊花

做法：普洱茶5克与干菊花5朵同置于壶中，以沸水冲泡，稍凉即可饮用。

功效：帮助消化，消除油脂。

普洱茶和菊花

小贴士

美容专家的美容秘方

配料：普洱茶、白菊花、甘草、枸杞、人参粉

做法：白菊花、甘草、枸杞、人参粉混合后加水煮15分钟后滤出汤汁待用。普洱茶放入杯中，以沸水冲泡，用茶漏滤出茶汤。将上述两种汁液混合后即可饮用。

功效：据说本秘方由羽西女士自创，因此，本方又被称为“羽西茶”。普洱茶可以促消化，菊花可清除体内垃圾。甘草可以调味，不仅为茶汤增加了甜味，还可以提神。枸杞、人参粉可以增强体力，从而达到排毒消脂、强身健体的功效。

由于产地、花色和加工方法的不同，菊花可分为白菊、滁菊、贡菊、杭菊等。四种菊皆为药用菊花之佳品。从颜色，可分为白菊花与黄菊花，它们的作用基本相同，只是有所偏重而已，其中：

白菊花——味甘、苦，功善平肝明目，清热力量稍弱，肝肾阴虚之眼目昏花、眩晕耳鸣多用。

黄菊花——味苦、甘，疏风清热力量较强，外感风热表证之发热头痛多用。

野菊花——是一种同属近缘植物，其味甚苦，清热解毒力强，擅长治疗热毒壅聚之疔疮肿毒、乳痈（乳腺炎）等。

降火用滁菊：疏散风热效果最强，可缓解口干、头晕等风热感冒。明目用贡菊：其清肝明目作用更突出，泡时加枸杞，效果更佳。清咽用杭菊：清热利咽效果最强。

配方二：玫瑰普洱茶

配料：玫瑰花、普洱茶、蜂蜜

做法：普洱茶放入杯中，注入沸水，洗茶过后，放入玫瑰花，沸水冲泡，稍凉后即可饮用。

功效：美白、养颜、降脂、瘦身。

配方三：普洱红枣茶

配料：普洱茶、红枣、白糖

做法：普洱茶以沸水冲泡，滤去茶渣，茶汤待用。红枣10枚洗净，加白糖10克，水少许，煮至枣烂，倒入茶汤，搅拌均匀后即可饮用。

功效：补血养生，健脾健胃，改善肤色。

玫瑰普洱茶

小贴士

隔夜茶妙用

一直以来，关于隔夜茶的知识都是“不能喝”，但是，普洱茶的隔夜茶可是有妙用的。冲泡一杯放到第二天，清晨空腹饮下，通过这个方法可以迅速降低体重。

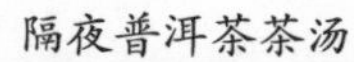

隔夜普洱茶茶汤

普洱茶入菜

到过杭州西湖的朋友都会被邀请品尝那里的名菜龙井虾仁，其实我们的普洱茶除了饮用之外，也是可以入菜的。聪明的云南人用普洱茶和其他食材一起，共同烹制出来的佳肴，具有了去油腻、清肠胃的妙用。让普洱茶走进你快乐的餐桌，不仅可以增加滋味，还会让菜品更加健康。对于那些禁不住美味诱惑，却又想瘦身的朋友来讲，是不是一个福音呢？

譬如让很多人不敢下筷的肘子，当和普洱茶配在一起，就成了人人抢食的美味了。先用普洱茶汤（去掉茶叶）浸泡猪肘，去其油腥，然后再入锅里焖，或者是直接在茶汤里加入各种酱料，然后放入猪肘文火慢炖。直至猪肘炖烂，茶香进入肉中。油腻的肘子和去油的普洱在这里奇妙合一，既解油腻又添茶香。

普洱茶红腰豆

普洱茶大虾

三碗茶

你该如何选择心仪的普洱茶

下关沱茶

作为喜爱普洱茶之人，可以不去细致了解市场占有率较高的勐海茶厂、下关茶厂的历史文化背景，因为购买普洱茶应该先不论年份或厂方，而应以自己的喜好为第一优先选择，以品质及干净与否来做购买的主要依据。

什么样的人喝什么样的普洱茶

不过，普洱茶虽然有很好的保健作用，可不是每个时段都能喝，尤其是女性朋友更得特别留意，以免背道而驰！

你适合饮茶，特别是普洱茶吗?

首先，请根据自己的情况回答以下问题。

问题一：你正处于月经期吗？

问题二：你怀孕了吗？

问题三：你正在对孩子进行母乳喂养吗？

问题四：你进入更年期了吗？

问题五：你的肠道有问题吗？

问题六：你是失眠一族吗？

亲爱的女性朋友，如果你对前四个问题中的任何一个问题回答为“是”，那么很遗憾，你属于不宜饮茶的人群；如果你对问题五、问题六回答为“是”，那么，你需要慎重地选择适合自己体质的茶品。

对此，相关专家给出的解释为：

1. 月经期间。女性朋友在月经期间，经血会消耗掉不少体内的铁质，因此女性朋友在此时更要多多补充含铁质丰富的蔬菜水果，像菜花、葡萄和苹果等。而茶叶中含有高达50%的鞣酸，它会妨碍肠黏膜对铁质的吸收，大大减低铁质的吸收程度，因而在肠道中很容易和食糜中的铁质或补血药中的铁结合，产生沉淀。

2. 怀孕期间。一般浓茶中含的咖啡碱浓度高达10%，会增加孕妇的尿和心跳次数与频率，会加重孕妇的心与肾的负荷量，更可能会导致妊娠中毒症，因此，孕妇最好不喝茶为妙。（经过转化后的普洱生茶除外）

3. 哺乳期间。这段期间要是喝下大量的茶，则茶中含有的高浓度的鞣酸会被黏膜吸收，影响乳腺的血液循环，进而抑制乳汁的分泌，造成奶水分泌不足。另外，茶中的咖啡碱会渗入乳汁并间接影响婴儿，对婴儿的身体健康也不利（经过转化后的普洱生茶除外）。

4. 更年期间。女性进入更年期后，除了头晕和浑身乏力以外，有时还会出现心跳加快、脾气暴躁、睡眠品质差等现象，若再喝太多茶更会加重这些症状，所以喜欢喝茶的人若正值这些特别阶段，最好适可而止，免得把身体给搞坏！

除此之外，如果你是胃溃疡患者、失眠者、感冒发热者，由于茶叶中的茶碱会通过一系列的反应，使胃壁细胞分泌过多的胃酸，而胃酸过多必然会影响到溃疡面的愈合；同时，茶碱能兴奋中枢神经系统，使头脑清醒，不利于睡眠；增加人体的体温，使发热者的体温难以及时地通过药物降下去。

但若是一款经过陈化后的普洱生茶，却要另当别论了。新普洱生茶内含物与绿茶内含物差不多，寒性，因此，肠胃不好或内体性寒(孕期\哺乳期)的茶友们就建议仅品少饮，而经过陈化后(最少3～5年或更长时间)的普洱生茶已属暖性，对肠胃无太大刺激，反而会因内含胶质等物质，对增进人体肠胃蠕动、促进消化等具有一定好处。因此，特殊茶友（肠胃不好、性寒、孕期、哺乳期）则可根据自己喜欢和条件进行品饮。

茶的营养成分及其四季适合饮用的茶品

看着表中的数据，你是不是会有一种“真是不看不知道，一看吓一跳”的感觉呢？小小一片叶子，竟然蕴藏着这么多的好东西。

茶中的营养成分

营养成分	含量（%）	成 分
蛋白质	20～30	谷蛋白、球蛋白、精蛋白、白蛋白等
氨基酸	1～5	茶氨酸、天冬氨酸、精氨酸、谷氨酸、丙氨酸、苯丙氨酸等13种
生物碱	3～5	咖啡碱、茶碱、可可碱
茶多酚	20～35	儿茶素、黄酮、黄酮醇、酚酸等
碳水化合物	35～40	葡萄糖、果糖、蔗糖、麦芽糖、太白粉、果胶等
脂类化合物	4～7	磷脂、硫脂、糖脂等
有机酸	≤3	琥珀酸、苹果酸、柠檬酸、亚油酸、棕榈酸等
矿物质	4～7	K、P、Ca、Mg、Fe、Mn、Zn、Al、Cu、S、F等30多种
天然色素	≤1	叶绿素、类胡萝卜素、叶黄素等
维生素	0.6～1	维生素A、维生素B_1、维生素B_2、维生素C、维生素E、维生素K、维生素P、维生素U

众所周知，红茶温性，绿茶凉性，乌龙茶处于两者之间，性平。那么，喜好饮茶的你，一定要根据茶性，将茶的药性与季节结合起来，就如同股民炒股的时候，不论是通过消息还是炒股软件，其目的都是为了选择一只股性好的股票一样。春季，适合饮花茶，可祛寒驱邪，有助于理郁，去除胸中浊气。夏季，适合饮绿茶，给人以清凉之感，消暑降温之效。秋季，适合饮乌龙茶，可以清除盛夏浊热，恢复神气。冬季，适合饮红茶，有生热暖胃之效。一年四季都可以喝的茶是普洱茶，只要你选择的普洱茶品质优良，那么你完全可以放心大胆地将喝茶进行到底。

如何区别普洱茶的生熟

普洱茶生熟的主要区别就是熟饼经过渥堆，并适度发酵，可以直接饮用，茶饼呈现深褐色，汤色呈红酒色。

青饼，也可以俗称生饼，是比较传统的加工工艺，当年的茶叶直接压制成饼，不经过人工发酵，靠时间和岁月的流逝，自然发酵，一般5～10年的茶才好喝。汤色呈金黄色，比较透亮，生饼霸气十足，起到刮油的功效，具有良好的减肥效果。不建议餐前饮用。

生普洱茶颜色呈墨绿色，熟普洱则呈红褐色，条索紧密，有专家们所说的“堆”味；从口感上说，生普洱回味甘甜、生津、唇齿留香；熟普洱则甘甜、滑厚、细柔。上好的熟普洱含有陈香、参香、枣香等丰富的口感；从茶汤的颜色上来说，生茶呈栗色、浅黄色或浅红色，且有透亮感。熟茶则呈栗红色、褐红色、暗栗色、红浓剔透；同时，从冲泡后的叶底来看，生茶的叶底呈淡青色或栗色，充满鲜活性。熟茶的叶底则是暗栗色或浅黑色。

当你决定要购买普洱茶时，一定要记住一句话： 喝了才算。

生、熟普洱茶的区别

内 容	生 普	熟 普
颜色	墨绿色	红褐色
口感	回味甘甜、生津、唇齿之间留有余香	甘甜、滑厚、细柔
茶汤颜色	黄绿色、橙黄色，或琥珀红，且有透亮感	栗红色、褐红色、暗栗色、酒红色、红浓剔透
冲泡后的叶底	呈淡青色或栗色， 充满鲜活性	暗栗色或浅黑色

普洱茶与绿茶、乌龙茶等茶叶不同， 从外观上是分别不出优劣的， 外观漂亮的茶未必好。 同理，外观看似不怎么样的，或许会是极品。普洱茶界流行的一句话就是：妄说一款茶好或是坏其实挺不靠谱的，关键是味道要适合自己，购买普洱茶，选择它的关键标准是适合自己的口味。或许同样一款茶，不

同的两个人会有完全相悖的评价， 这就是个人口味不同造成的。不过，还有一个问题，就是同样一款茶，即便是同样的茶器、同样的水，不同的人冲泡，也会出现口味上的不同。这和冲泡时间、注水方式等都有关系， 这也是普洱茶神奇的地方， 所以说，选购普洱茶时，最佳的方式就是自己来冲泡。

优质普洱茶都具有滑爽的特质，茶汤滑下喉部感觉很滋润；好的普洱茶滑口、润喉、回甘，舌根很快生津，如果是生茶，一般会稍带点苦涩，苦也是茶的原性，但苦涩之后舌面、舌侧、喉部会出现一种甜甜的感觉，这就是回甘。回甘越快， 感觉越强烈，说明该茶的品质越好。

普洱茶通常分为五级十等（或十级），第一等是最细嫩的，第十等就是最粗老的。不同级别的普洱茶叶，泡出的茶汤有不同的品味，而且各具特色，不能相比较，只能说各有所好而已。有人把成品普洱茶的茶香分为品种香、地域香、工艺香、陈香。而笔者更倾向于下表所示的方法，供爱普之人参考。

普洱茶的品味

樟气	等次	茶香
有	1～2	荷香
	2～4	兰香
	4～6	青樟香
	6～8	野樟香
	8～10	淡樟香
无	1～2	荷香
	3～8	青香

听专家说，普洱茶体现出来的荷香、兰香、樟香和青香，都必须是经过新鲜的制作工序和自然的贮存过程，才能保留下来。尤其是兰香和樟香，必须是云南省旧茶园乔木茶与樟树混生才具有。笔者在西双版纳州的勐海县就见到了一片民国时期建成的茶园，其间的香樟树与茶树相映成辉。

民国时期建成的茶园中香樟树与茶树相映成辉

刀美兰的不老传奇——蜂蜜+普洱茶水

在云南人的心目中，现年已经60多岁的刀美兰可是位传奇美人。不认识刀美兰的人，看她的外表都会以为她只有40岁，她的肌肤看起来非常光滑并富有弹性，几乎没有多少皱纹。当年的史诗型巨制《东方红》里那个翩翩起舞的傣族少女，已经成为现在不老的金孔雀。刀美兰的保养秘诀，就是她家的祖传配方——蜂蜜＋普洱茶水。

蜂蜜从来就被当作排毒养颜的佳品，现代人应用证明，新鲜蜂蜜具有强大的滋润和营养作用，能使皮肤细腻、光滑、富有弹性。

据介绍，刀美兰每天都会喝一杯美容排毒的普洱茶，每次喝剩下的普洱茶水，她都会留到第二天。然后，她把1份蜂蜜、2份普洱茶水搅拌均匀，每次用手指沾少许混合后的蜂蜜普洱茶水，在脸上、脖子上以及手上等容易出现皱纹的地方轻轻拍打。这个拍打，要手指留有空隙，而不是五指并拢。这是刀美兰的祖传配方。现在已经通过电视、报刊等贡献给广大爱美之人了。使用这个配方，可以保养和护理肌肤，使肌肤细腻滑嫩，防止皱纹的产生。普洱茶有利尿、排毒、抗辐射等功效。

作为每月必斥“巨资”于自己美容事业的女性来说，肯定想不到刀美兰那么大的舞蹈家用的是如此简单天然的化妆品！据美人本人说，她们家祖祖辈辈的女人都这么用，到老皮肤都不错。

相信很多人都尝试过用蜂蜜做面膜，营养美容的效果不用多说，但刀美兰调制出的美容品普洱茶多，蜂蜜少。研究表明，普洱茶里儿茶素的抗衰老作用比维生素C和维生素E还高，是一种天然的抗氧化剂，抗衰老的作用非常好，而且茶水还可以杀菌消炎，经常用茶水抹脸还能防止长痘痘，能修复晒伤的皮肤，或者说还有一定的防晒功效。茶水还有去油的功效，油性皮肤用这个方法尤其适合。看来刀美兰家传的这个用普洱茶水加蜂蜜做的美容品还真不错。但是，东西虽然简单，用的方法却有讲究，跟普通化妆品的抹法不一样，就一个字——拍。

刀美兰说：“不要擦，就是拍。年纪大了，眼皮、眼角会皱，都要拍到。然后是嘴唇，营养就全部进去了。手、脖子和脸蛋也要拍，按照我这个年纪，应该有黑斑了，可是现在没有黑斑。”

美人泡茶

现代美人

茶语声声

美茶配美人

你可以成为美人——你的美丽企划

作为中国人，你真的很占便宜的。单单是一个普洱茶，就够你好好地去品、去饮，在品饮之间，还可以完成你的美丽企划，何乐而不为呢！专家已经对普洱茶饮的种种好处进行了归类，最后提出了八大好处：一为消脂减肥；二为利尿解毒；三为预防龋齿、除口臭；四为消除疲劳；五为缓解压力；六为抗衰老；七为提神益智；八为预防慢性病。

怎么泡普洱茶减肥效果好？

1. 想保持身材、维持体重：每日冲泡普洱茶来代替一切饮料。

2. 想减肥：除了上述要做到之外，另外冲泡一杯放到隔夜，清晨早上空腹喝，这个方法可以快速减重。

3. 如遇交际应酬及其他饭局，不想让热量吸收太多：应于餐中配喝普洱茶，若在外不便请在饭局结束后尽快饮用，最好不超过二个小时，愈早愈有效；若是于茶楼饮茶，则最好点用普洱茶为佳。

普洱茶减肥法冲泡提示：

☆ 泡的第1道茶水请勿饮用。

☆ 第2道茶泡约2分钟，再饮用。

☆ 第3道茶则泡3分钟，再饮用。

☆ 第4道泡4分钟，再饮用，这样能最大限度地吸收普洱茶中有利于瘦身的成分。

普洱茶减肥效果因人而异，一般自律神经较活跃的人，一星期后体重就会有减轻，很多人喝普洱茶，配合科学的饮食和一定量的运动，都能减掉20多斤。在通常情况下，人们节食减肥很容易反弹。因为不运动光靠节食来减肥，会使肌肉减少，导致基础代谢降低，即使吃得不多，也会能量过剩，体重反弹了。而普洱茶不但可以减肥，还可将体质调节到最佳状态。所以，当减肥成功后，应该继续保持喝普洱茶的习惯，这样可以帮助你让体重不会反弹。

与唐代茶事大师——号称“茶圣”著有被称为世界上最具价值的茶书《茶经》的陆羽齐名的唐代品茗大师卢仝，写下了茶诗《走笔谢孟谏议寄新茶》，绘声绘色，妙趣横生，其对七碗茶的感受，成为了新一代美人追求的品饮极致：

一碗喉吻润，
两碗破孤闷，
三碗搜枯肠，
惟有文字五千卷；
四碗发轻汗，
平生不平事，
尽向毛孔散，
五碗肌骨清，
六碗通仙灵，
七碗吃不得也，
唯觉两腋习习清风生。

那么，不论你是美人正当时，还是即将走入美人的行列，迷上普洱茶，使其成为你美人路上的好伙伴，当是不二的选择。

茶馆茶诗

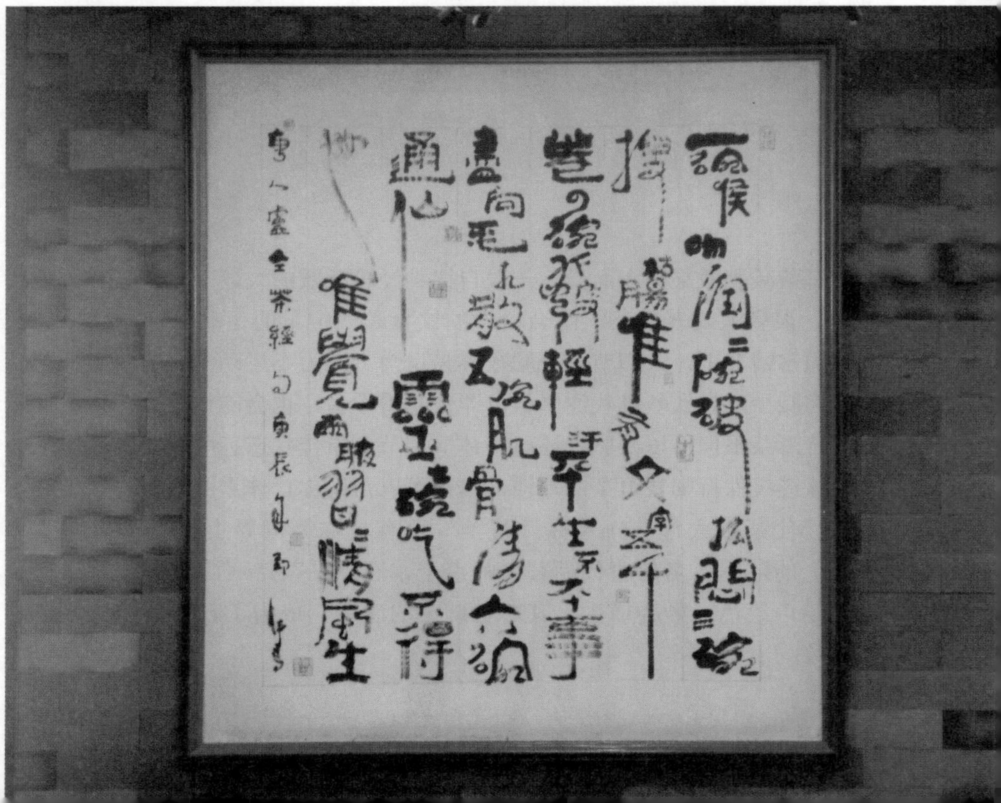

贵妃美人喜爱的普洱茶

普洱茶自古就被称为贵妃茶，这除了说它千金难买之外，由这个名字我们还可以想到那些受皇帝宠爱的嫔妃们因普洱茶而变得更加美丽的情景。也许因为普洱茶产自于云南，因此，作为马帮的后代，我对普洱茶也是情有独钟的。于是，在这里忍不住要多写出一些文字来。

普洱茶之所以有名，除了它的香气、口感好之外，还有良好的美容养生作用。据说，英国皇室也钟爱这种具有美容功效的茶叶。大概是因为普洱茶具有良好的美容药效，所以初入口时会感觉有点像中药，不过，如果你慢慢地品尝，就会被它的独特魅力所吸引：甘、醇、滑、厚、柔、甜、亮、稠等口感。与绿茶相比，它多了些香滑；与红茶相比，它多了些回甘醇厚。除了口味上的超凡脱俗之外，它的美容功效也是首屈一指的。最值得一提的是它的减肥功效，这主要归功于在普洱茶特殊的发酵过程中生成了一种能分解脂肪的酵素。除此之外，普洱茶还有许多的美容功效，比如抗氧化性、美白、抗衰老、消除色素等，因此有人还把它称为益寿茶。

普洱茶有生茶与熟茶之分。生茶多以沱茶和饼茶的形式出现，主要用于收藏，人们常说的普洱茶越陈越香指的就是生茶。如果对收藏没有兴趣，旨在美容的你，直接饮用熟茶就可以了。

根据研究发现，腰部有赘肉的人最适合喝普洱茶。那么，如果你的胃功能还算正常的话，就可以放心大胆地喝普洱茶了。对于那些急于看见减肥效果的美人而言，喝生茶或年份短的生普洱茶，效果会很好，不过生茶的去脂效果实在太好，太瘦的人还是不要尝试的好。

虽然普洱茶是一年四季都可以饮用的茶，但是，也要讲究天时地利，不能乱饮一气。比如，如果你只想保持身材，维持体重，那么可以每天冲泡普洱茶来达到以茶代水的目的。如果你想减肥，那么最好是在饭后半小时饮用，以达到及时去除油腻、排除体内多余脂肪的目的。如果你在饭前半小时饮用，那么，很抱歉则会使你胃口大开，反而会促使你增重。值得一提的是，普洱茶的减肥调整功效竟然和酸奶一样是双向的，当你瘦到一定程度的时候，普洱茶就会停止作用，不会让你无限度地瘦下去。

生、熟普洱茶

普洱茶湿叶底欣赏

普洱茶——茶礼的首选

“明天临时要在我们单位开个领导会，你去准备一些礼品吧！”

“得令！”

临下班的时候接到这个指令，来不及细想，就驱车来到了附近的商场。从东转到西，从西转到东；再从南转到北，从北转到南，几个来回，也没有入眼的。为了满足领导的要求：体积不要大，价位适中，我在这个新开不久的购物中心里转了几个来回，已经心灰意冷啦。送绿茶或铁观音，似乎已经显示不出特色来。送名牌皮具，看上的，价钱又高得离谱，好容易在一家皮具店里看到了价钱及大小适中的，商家却又只有现货两个，而我却要一下提走数十个……

还是到茶叶店看看吧。没准有什么独特的茶具可以拿得出手的。但是，一走进这家看似普通的茶叶店，里面的摆设立即吸引了我的眼球：只见一饼又一饼的云南七子饼摆在了货架上，俨然一个又一个精美的瓷盘摆放在家中的橱柜里，而家中美丽娴静的女主人正在炉子前认真地操持着家务……

一种回家的感觉，让我一屁股坐在了店中让客人小坐的太师椅上。灵巧的服务员立即走了过来，细语问我：“请问喜欢我们的什么茶？”

“你们那些个一饼一饼的普洱茶如何？”仗着自己还算是知道点普洱的知识，也就直奔主题了。

“这是我们茶叶店专门限量生产2500饼的产品，价钱为……”

也是转累了，我也就静下心来多听了几句。普洱茶从其成分到其保健作用，从其生产到消费都注入了中国特殊的文化。甚至发展到了今天，成了衡量人们生活质量的标准，同时消费普洱成为品饮茶道、修身养性的最高标志。

那么，就是它了。

毕竟是在快下班的时候来了这笔不小的生意，经理及服务员也很兴奋，一趟一趟地把普洱茶礼盒从仓库里搬出来，然后又不辞辛劳地帮我运到车上。

最后大家热情地握手相别，依依不舍。

在回办公室的路上，我已经又有了更上一层楼的想法：在每个礼品盒里再

配上一本我刚刚出版的《茶之趣》，这样的礼品，肯定是任何一个会议承办单位都办不来的。

果然，第二天，客人来到，礼品献上，那些平日几乎没有时间坐下来阅读的忙人们，纷纷为我们的礼品而高兴——总算可以偷得半日功夫，让紧张的心小憩一下。现如今送礼越来越高档的情况下，人们接收的礼品也多了，不论价值几何，在他们的眼里也仅只是一个礼品而已，说不定一转身就忘到了九霄云外。但是，毕竟来往的都是有文化的人，因此，大家还是喜欢有品味的东西。譬如我们的“《茶之趣》+普洱茶”礼品套餐，就是一个物美价廉的最佳组合。

哈哈，看着领导在客人面前一副花了小钱又很有面子的样子，肯定在为有我这么一位会省钱的办公室主任而暗自窃喜呢！

其实，我也在偷偷地乐。因为我祖籍是云南人，而且是马帮的后代，因此，能让更多的人喜欢家乡的东西，于我也算是一种满足了。

小贴士

送礼妙招——送礼就要送真心

现如今礼品越做越高档的情况下，人们接收的礼品也多了，花了多少钱，在收礼人的眼里也仅只是一个礼品而已，说不定一转身就忘到了九霄云外。但是，大家毕竟还是喜欢有品味的东西。所以，你完全可以做到“花小钱办大事”。送礼是一门极其高深的学问。只要摸透对方的心意，送出去的礼物一定是让对方无法拒绝的。

现代社会是个礼尚往来的社会，正所谓礼多人不怪。所以，当你去见亲朋好友的时候，不妨带上一些茶品，不在于你花了多少钱，而在于这是你精心为友人定制出来的。这样，友人定会为礼物的出其不意而感到欣喜，那么你和他之间的情意也会随着你对其细致的关爱而愈加的牢固。

不信，你就试试看！

我收藏的普洱茶

在掌握了基本的选购知识之后便可以进行普洱茶的收藏。这就如同选择一个知心的伴侣，丝毫马虎不得。既然是收藏，必然要有升值的空间，无论是从茶本身的自然转化，还是其所具有的某种意义，都可以作为收藏的目的，也许多少年后自己就可以品到一壶真正的老茶了，也许会因此而想起某个人、某个故事……总之，用“一饼一故事”来形容一点也不为过。也许过程比结果更重要，也许收藏本身就是一种收获。

试想，当你终于放下茶碗，亲自去寻访古老的大叶种茶树，同少数民族姑娘一起在大茶树上采摘茶叶，闻着茶的自然清香，同当地老人们一起喝着陈年普洱，听他们回忆着茶马古道上的人和事……那将是怎样的一种生活状态啊！

在普洱贡茶中，有一种做成方块形的方茶，是准备朝廷赏给臣子之用，也是代表荣誉的信物。在相关的文献中可以看到“压成正方形块状，长宽各10.1厘米，每片净重250克，是压制茶中的高档产品。在清代，民间称为普洱贡茶，系皇帝赐给臣子的礼物”这样的描写。

天啊，自己的收藏中就有如此尺寸和重量的普洱茶呢！

同庆号普洱茶的包装

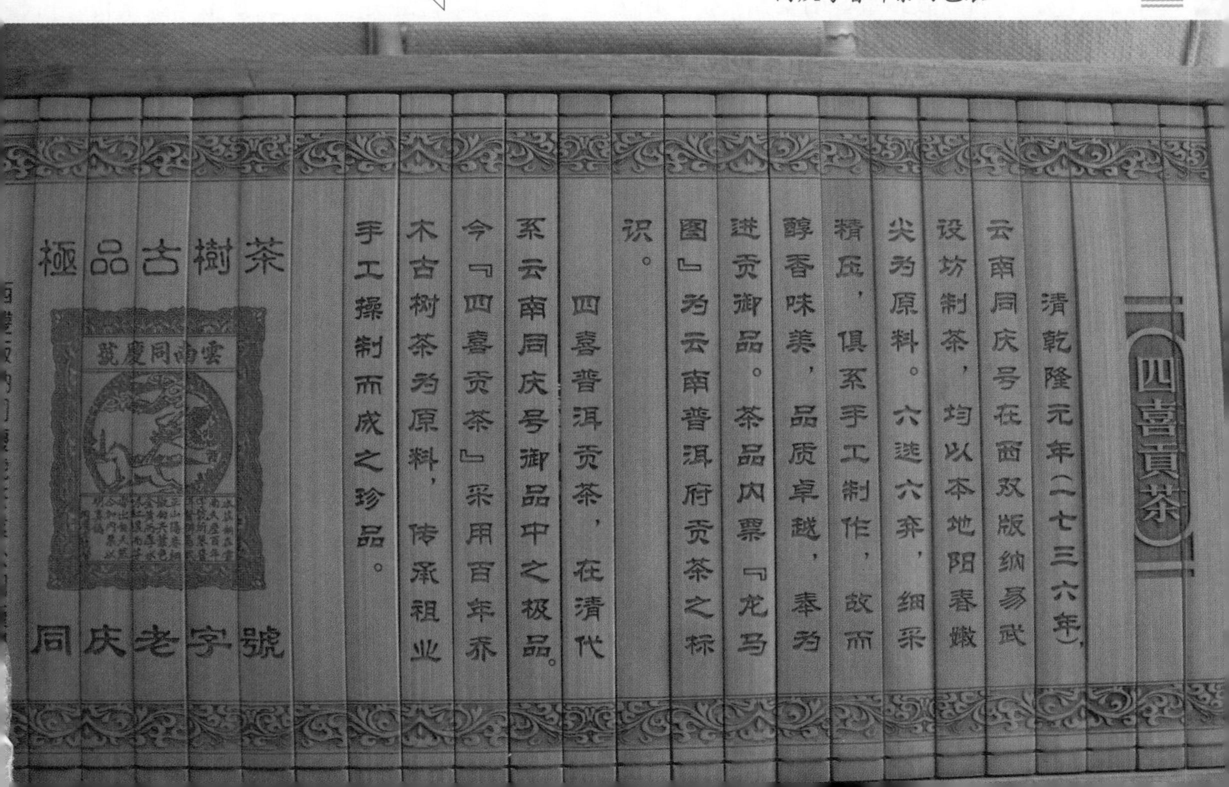

棉纸包装的同庆号熟砖

普洱贡茶在清朝宫廷中，除了宫中饮用之外，还被当做外交礼物送给各国使节，也被当做朝廷赐品送给臣民，可以说发挥了多方面的作用。

据北京故宫的专家说，目前中国农业科学院茶叶研究所保管的20世纪80年代中期由北京故宫移交过来的被视为国宝的“金瓜贡茶”是目前保存下来的最陈老的普洱茶，被称为绝品。该种茶的生产开始于清雍正七年即1729年，选取西双版纳最好的女儿茶，制成团茶、散茶和茶膏进贡朝廷。这金瓜贡茶据传说，均为未婚少女采摘的一级芽茶，采摘的芽茶一般先放之于少女怀中，积到一定数量才会取出来放到专门的竹篓里。这种芽茶，经过长期存放，会转变成金黄色，同时又因此贡茶大小如人头，所以又名“人头金瓜贡茶”。

虽然自己已无机会收藏这样的普洱茶，但是，及时地收藏新制成的普洱金瓜应该是现代茶友不错的选择。

我的有机普洱瓜茶

在我的藏品中，年份最久的当是1979年老茶。遗憾的是目前只剩两泡的量了，因此轻易不动。

还是分类秀秀我收藏的普洱茶吧。

团茶系列之生普洱。

我的生普洱（团茶）

团茶系列之熟普洱。

我的熟普洱（团茶）

砖茶系列之我收藏的砖茶，以及一些不成系列的沱茶等。

我的砖茶

普洱茶集团军

朋友看着我翻箱倒柜地变戏法似的让这些普洱茶从家中的各个角落现了身，成为自己旗下的普洱茶军团的一员，佩服之余突然一拍脑袋说：“天啊，我突然想起来，自己家的床底下好像还有某年朋友给的两提普洱茶呢！当年因为自己不喝茶，所以通常要是有朋友给茶的话要么转送他人要么就随便放了，那两提普洱茶就是被自己看也没看就不当回事地随手扔床底下去了。呵呵！”现在已和自己一样成为普洱茶粉丝的朋友一副悔不该当初的模样。“那就快去找找，放到现在肯定是正好喝的时候！”听此情况，自己比她还急。看我一副有好普洱茶喝就忘乎所以的模样，朋友也就迅速地和我告别，下楼，飞车回家。很快，好消息就传来了。果然，如她所言，那两提普洱茶竟然还被好好地装在了纸箱中存放在无人打扰的床底下。看来冥冥之中，当时不喝茶的朋友没有随意地让她流落到他人手中，并且还下意识地把这普洱茶独立存放于纸箱中。从这点来看，此友可教也！

与此同时，朋友还不好意思地告知：竟然还从床底下翻出了一盒日期标为2002年的西湖龙井！哈哈，驰名中外的明前西湖龙井茶虽说在清朝宫廷里就有“夏喝龙井”的习惯，可是，无奈不是当年的明前茶，恐怕拿去煮茶叶蛋也是不能的了。而那普洱茶，被朋友无意间冷落了经年，于寂寞中悄然进行着转化……

于是，当即通过电话进行了“现时指导”。“哦，竹壳上写着几个数字，时间长，有点看不清楚了。” 电话里的朋友明显地让我感觉到她正看着那被竹壳包着的普洱茶急得团团转，很是无所适从呢！我说：“那数字的前二位表明生产年代，第三位表明是茶菁配方，第四位是厂家的代号。”虽说自己也是普洱茶的学习者，但是这点基本知识还是有的。“那是什么牌子的普洱茶呢？”心急的朋友边问边开始拆竹壳了。于是，一次如何看外飞的电话教学就开始了。呵呵！原来这是来自西双版纳勐海县勐宋石进雄茶厂的编号为7166的那卡王勐海七子饼生茶。

当然，朋友坚持见面分一半的原则，于是，我也就得到了一提七饼的那卡王勐海七子饼生茶。接受普洱茶是自己从来不会拒绝的事情，从此我的藏品中也就又多了一份，谢谢，谢谢朋友！当然，在这里我也给大家提个醒：是时候去进行翻箱倒柜了！快快行动起来，你的好东西肯定不少。还有就是，一定要正确地保存自己的普洱茶。

拿到这被朋友无意中收藏下来的普洱茶，于我这喜欢品饮的“普粉”而言，当时便立即动手拆茶，等不及醒上一个月就开始冲泡了。尝完还不忘记发个

短信告诉朋友：“此茶果然有王者风范，性烈，微苦之后是生津，口腔里那个舒服啊！”

这回朋友也来了兴致，兴奋地跑到茶城，淘到了两个大陶罐——一个存生普洱，一个存熟普洱。看来还真的是一个猛子扎进“普粉”堆里出不来了！

小贴士

普洱茶号

知道吗，历史上由于普洱茶主要是边销和外销的原因，因此大多数普洱茶其花色、级别各有不同，均有各自的茶号（又称唛号）。

“唛”为英语“mark”音译。“唛号”亦称“唛头”，广东方言，原意是商标、牌子。在茶叶贸易中特指用数字或数字辅以文字表示的茶叶名称。也有俗称“茶叶编码”的。普洱茶的“唛号”，即以数字方式表示的普洱茶的名称。1976年，为出口需要，云南省茶叶公司规范了普洱茶的唛号。现在能见到的最早的普洱茶的唛号为7452、7562、7572、75671、76563等。如果有一天，你见到了似乎比这些茶号要早的普洱茶，千万不要以为自己的运气真好，捡了个“漏”！

如果是饼茶，通常是四位数字。饼茶用4位数，前两位为该款茶的生产年份，第3位为茶菁配方，第4位为茶厂编号（如昆明1，勐海2，下关3，普洱4等）。但是，需要注意的是，74、75开头的茶品，都不是代表生产时间源于74、75年的。85，则代表从1985年开始投产，如8582、8592等。

如果是普洱散茶，通常是五位数字。前面两位数为生产厂家生产该品号的年份，最后一位数为茶厂的代号（1为昆明，2号勐海，3为下关，4为普洱……），中间二位数为普洱茶级别。如：78071、79562、76563等。

朋友把三个中的两个搬回了家

四碗茶

普洱茶是这样制成的

路两边的茶厂

只要进入普洱茶产区，不难发现一个接一个的普洱茶生产厂家比肩而至。进入勐海辖区后，以路上的这两头大象为标志，左右两边的普洱茶厂让人目不暇接。

每一家的普洱茶都因原料选择的不同，而致所产的普洱茶风格各异，但无论口味风格怎样不同，都必须很严谨地遵守执行普洱茶的制作工序。当然，也不排除特殊情况需特殊处理。否则，即使原料上乘，也难以让爱普洱茶的人们喝到那碗好普洱茶汤。

满载而归的采茶女们

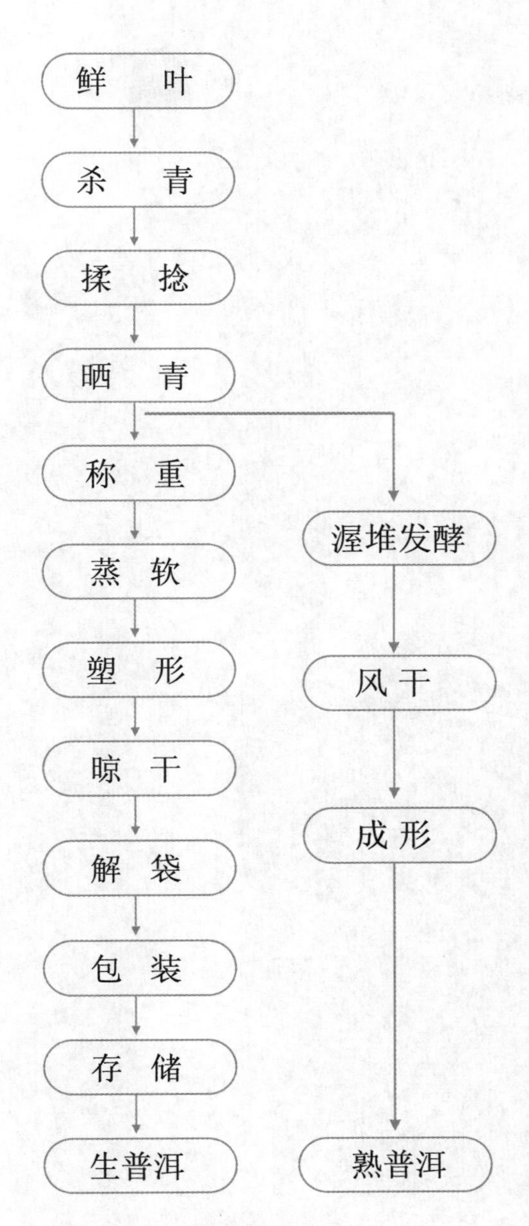

普洱茶制作流程图

采茶图

传统普洱圆茶（生茶）制作工序

一、采茶

在每年清明节前，茶农就可上山采茶了，他们一般选择一大早就开始去茶山了。古树茶却要等到四月份左右才开始采摘。当然，女性去采茶的多，有些茶农家倒也全家出动，在晨曦中吸吮着清新的空气，在丛林中听着鸟语，便开始了采茶工作。他们在享受着大自然美妙的同时，也在低声说着家中事儿，其乐融融。简单幸福的一天就从他们采茶的手中开始了。于是，一片片嫩绿、翠绿或紫色欲滴的叶子，有一芽一叶，一芽二叶或三叶，都被他们快捷熟练地采下放置到背上的萝筐中，或者放在身前斜挎的自缝布袋中。家离茶山近的话，采到中午就可以回家吃饭，回去便将鲜叶倒入事先准备好的干净簸箕中，午饭后再上山继续采茶。

当然，也有些茶农放置鲜叶的道具不一样，比如，有些茶农是将鲜叶直接放在塑料薄膜上……

如果家离茶山远的话，茶农在一早出发时就会备些食物以作午餐，采茶至晚上，月亮挂在树梢了才就着月光回去。

鲜叶的存放

杀青

二、杀青

茶农一般使用锅炒低温杀青(大厂一般选用滚筒机械杀青)。双手翻叶时可闻到茶叶经低温杀青而透发出的青草味，因大叶种含水量高，杀时须闷抖结合，使茶叶失水均匀，达到杀透杀匀的目的，等茶叶被炒到柔软时即出锅摊晾。

三、揉捻

茶农双手反复在簸箕内揉捻被杀青后的茶叶,主要是揉破茶叶细胞，待以后在冲泡茶叶时茶汁能充分浸泡出。待双手感觉有稠液黏附,即茶汁溢出时即可。如果揉搓的程度过重,会造成芽叶碎断,毛茶耐泡度也会降低；如果在揉搓时有黏结在一处的茶叶,须抖散。揉的力度要根据原料老嫩来决定揉茶的轻重，老叶重揉，时间长些；嫩叶轻揉，时间短些。

揉捻

晒青（一）

晒青（二）

四、晒青

将揉搓好的茶条薄摊在日光下晒至半干，当茶条颜色由黄绿转为黑绿色时，再进行第二次复揉，若出现黏结的茶叶团，仍须将它抖散;在毛茶被晒至呈墨绿色油润稍显时即可拣出杂质；也有碰到天阴的时候，茶叶就摊晾在火塘上，这也是有些普洱茶带烟味的主要原因。

五、称重

将毛茶放入秤内，按所需制作规格重量称重后即可。

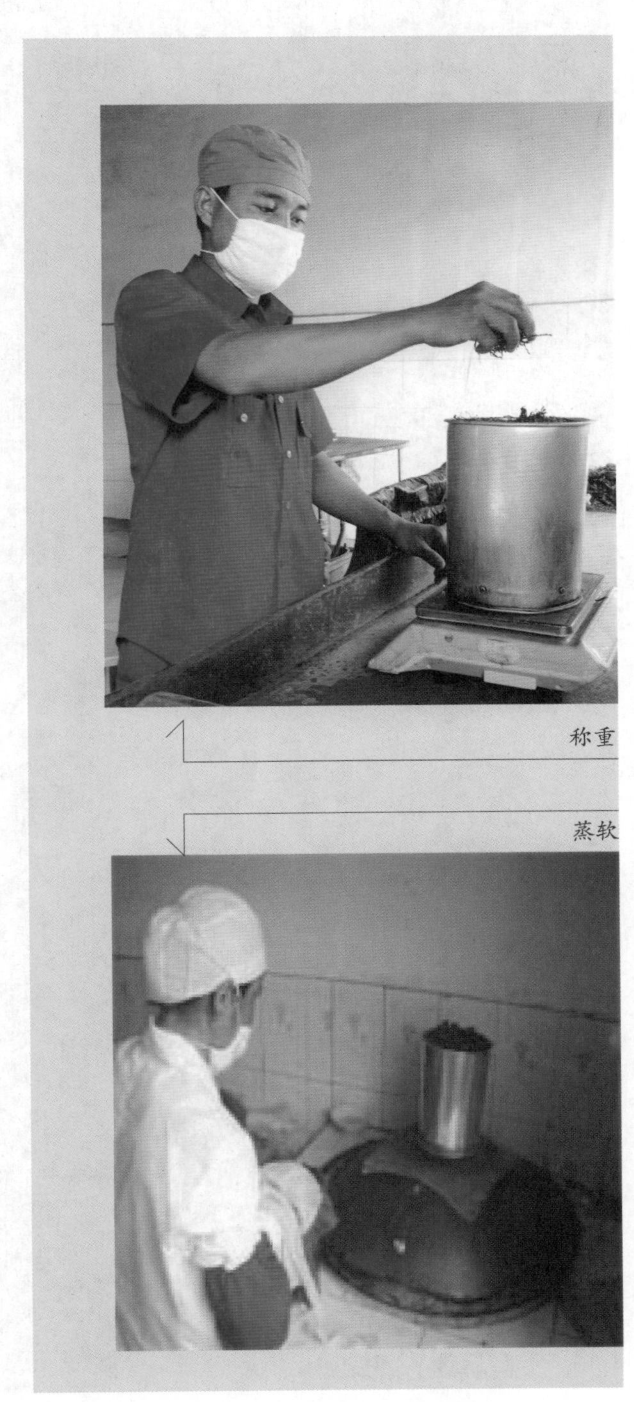

称重

蒸软

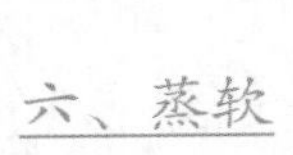

六、蒸软

将称好的毛茶放在铝筒中经高温蒸软。

石模图

七、塑形

将蒸软后的毛茶装入圆形长筒薄棉布袋中，制茶人用一只手将袋子按在搁板上，另一手转着袋子，一边转一边拍压、搓揉，一边将已捻成一团的纱布袋口往袋子中间按。

这道工序直接影响着茶饼成品后的形象，如果捻成一团的布袋口没按在装有毛茶的袋子正中，那茶饼压制出来的中间那个“凹”就歪了，或者太用力按的话，这“凹”就会变成一个难看的“洞口”，直接影响到茶饼的形象及销售。

之后，将“转”好的装有毛茶的袋正放在石模中间，人踩于石模上用力压制。

当然，现如今很多茶厂设备更新，已采用机械压制了。

压制（一）

压制（二）

八、晾干

压好的茶从石模中取出来放置在架子上自然晾干（也有大部分茶厂采用高温烘干）。

晾干

九、解袋

将自然晾干的茶饼从纱布袋中取出来先放在架子上再进行晾摊（也有大部分茶厂采用高温烘干）。

解袋

十、包装

茶干后即可包装，从产地运到各地存放，经三五年完成第一道转化后即可多多品饮了。毕竟，新生茶严格来说还不算普洱茶，因为它刚被做成成品，如新生儿一般，它还需要通过时间的磨砺来成就品质，虽然它新清如大自然，但始终刺激性强，饮茶者如身体属寒性的话，则建议少饮新生茶为妙。当它变得内含“暖性”的时候，即经过转化以后，品之，茶客更可觉与之对话的情趣。毕竟自然底气足的生茶，在陈化过程中滋味变化多，耐放，活力十足。

棉纸包装

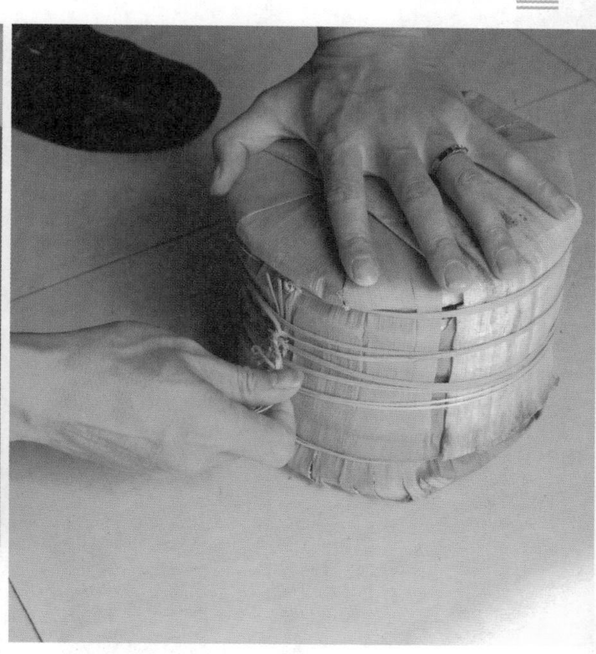

竹皮包装

十一、存储

原料好，工艺好，还得存储好，方能成就一壶好茶。

茶最好保持原包装，如按“提”、“件”，再放置在离地面、离墙的贮藏室；保持室内温度25℃左右，湿度75%左右；通风，无异味，一季度翻动一次。

普洱茶的存放

现代普洱茶（熟茶）制作工序

晒青毛茶经增温湿温“渥堆发酵”工艺，此工艺依靠多酚类物质在微生物作用下，使毛茶发生复杂的生物转化，促进毛茶的催化反应。一款好的熟茶，除了渥堆技术外，还取决于存放环境、时间。现代熟茶的优点是缩短传统普洱生茶的存放时间，存放三五年后即可品饮到“茶汤红浓如红酒，叶底猪肝色有韧性，口感醇和有陈香”的普洱茶汤。

一、选料

云南大叶种晒青毛茶。

二、堆茶

视毛茶的级别而定；一般最少不低于3 000千克毛茶渥堆，高度在70～100厘米间。

三、水分

与毛茶补水增湿，以天气的不同来决定，一般采取“高温量多，低温量少”来操作，补水量也是根据毛茶的级别而定，通常补水量在26%～42%。但如遇特殊天气，补水量的多少，则要随机应变，酌情处理。补上水分以后，高度堆好，就盖上麻袋或塑料袋保温，让其发酵。

四、温度

发酵温度，通常控制在50～60℃，最低不超过40℃，最高不超过65℃。

五、通风

在现代普洱茶的渥堆发酵中，保持环境的通风透气和茶堆的良好透气性是渥堆发酵现代普洱茶的又一重要技术环节。

六、翻堆

视不同季节的毛茶而定，如果是春茶原料来发酵的，一般10～12天翻动一次，如果是夏秋茶原料发酵的，一般8～10天翻动一次。

七、发酵时间

视发酵地不同纬度、不同海拔而定，一般春茶发酵时间为60～70天，夏秋茶45～60天；低温地带（如云南的西双版纳）发酵时间短，寒温地带（如云南冬天的临沧）发酵的时间较长；大堆较短，小堆较长。

八、发酵程度

个人认为最好在七八成熟。

九、成品

待渥堆达到适度以后，扒堆晾茶，解散团块，散发水分，自然风干。待茶叶干燥后，筛分分档，再制成成品或普洱散茶。成品制作工序同生茶，不同之处在于仅定型采用机械压制。

机械压制

不论是生普洱还是熟普洱，其制作过程，如同女人的一生。杀青脱掉了少女幼稚的梦境，揉捻是生活给女人一次温柔的折磨，干燥是女人成熟的一道坎，让女人回到不加修饰的境界。如此功夫，只为那执手相牵一壶好茶。因此，为奉献出一饼好的普洱茶，必须让茶的鲜叶赴一次前生之约。刹那间的消逝后，生命才能在脱水与干燥中重生。多年后打开普洱茶的面纱，此情才能追忆。

好茶欣赏：田七普洱

云南人都知道三七（田七）这种药材，而且或多或少都在需要的时候作为补品食用过。那么，专利号为200710066097.6的田七普洱茶应该算是集云南人养生之大成的产品了。

田七普洱

小贴士

三七（田七）的妙用

三七（田七）含世界上公认抗癌元素硒及人体必需的维生素B、维生素E，含有21种皂甙、17种人体所需氨基酸。明代大医李时珍的《本草纲目》中写到："人参补气第一，三七补血第一"，所以三七古有金不换之称。具有活血散瘀，消肿止痛，止血降血脂，降低胆固醇，抗疲劳，抗衰老，提高肌体免疫等功效。对冠心病、心绞痛、头痛、眩晕、冠心病合并高血压，心律不齐、高血脂症、胃溃疡等有治疗作用。

五碗茶

你会这样冲泡普洱茶吗

茶与水

说到普洱茶的冲泡，自然就想到了男人与女人。事实上，男人就是茶，女人就是水，看上去是不是如同神话一般！

茶

关于泡茶，好茶与好水是必需的。至于器，倒觉得盖碗更能表达真实茶香。当然，若要销售一款茶，自然用好些的紫砂壶泡更有韵味些，也更有利于销售。

这里说的茶好，当然是指没有农残物的普洱茶。特别地，还得满足以下条件：其一，若是春茶、树龄百年以上就更好了。其二，经正常工艺制作、存放地干净无异味，通风，没有受过潮，远离地面与墙。本文仅以云南昆明为存放地举例，其他城市如沿海一带湿度大的地方，存茶方式又有所区别，需要更多精心，碰上梅雨季节，还得一饼一饼、一提一提的套上自封袋或塑料袋。其三，自然氧化发酵过的茶。

属于后发酵的普洱茶，是有生命的，有时也跟人一样，它离开云南，去到另一个城市，它能马上适应吗？它需要多久时间来适应？这些，从几年的实战经验来看，最少2周以上。最好是将准备要喝的普洱茶拆散，放在透气的容器里“醒着”。有茶友曰：醒着总比睡着好！当然，这其中的好，还需要茶友们来一起发现。也许，她刚到的时候，表现好，又碰上泡它的水好，投茶适当，冲泡方法正常时，幸运的你就有好茶汤入口了。正如某年笔者在广东东莞的泡茶经历一样，那天在酒店用自来水烧沸后冲泡2001年的易武正山生普，竟也回甘好喝呢。

2001年的易武正山普洱茶饼

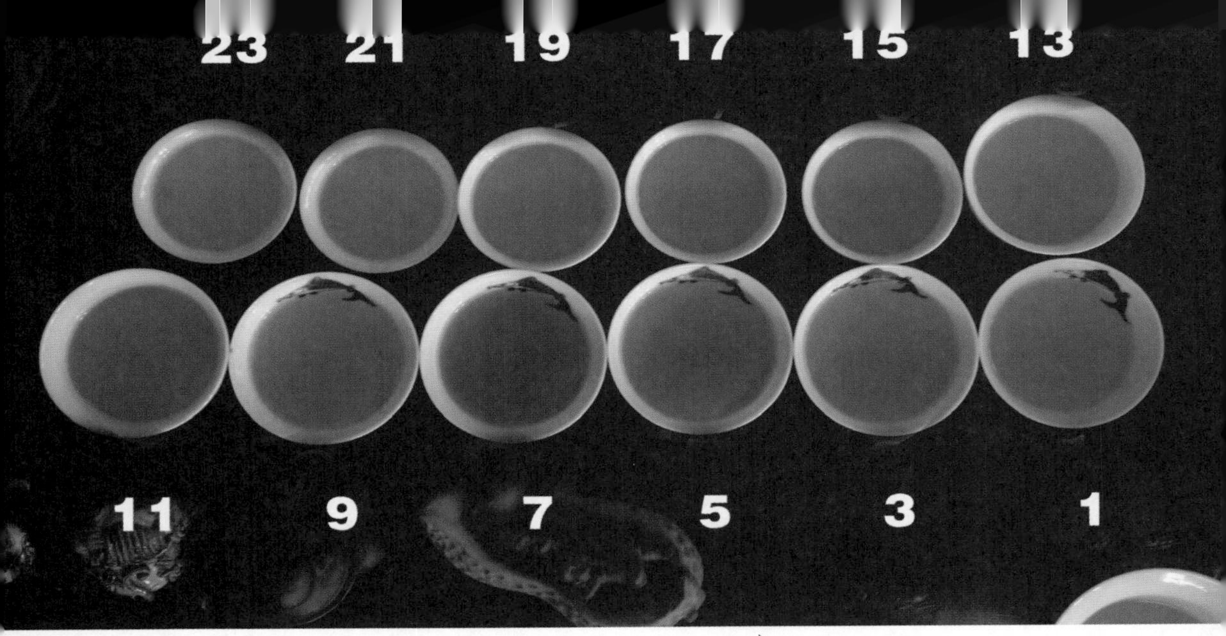

保倮茶仓2001年易武正山珍品生普洱茶汤欣赏

但通常情况下，若它刚到一个地方，还没适应过来就冲泡它时，真味就不容易出现了，这也是某年笔者在西安一家茶室中泡喝王中王茶砖的体验，当时喝着的感觉跟在昆明喝的感觉截然不同，此款茶砖茶汤的果香、黏稠，杯底的蜜香、厚感、甜等统统消失了，真是一种很奇怪的感觉。所以，要了解一款茶，可以先不管其出身，也别管是一线品牌、二线品牌，建议至少试喝三次以上再对它的好坏进行定夺。

水

水好，这个讲起来就有点复杂了。

烹茶用水的质量，直接关系到茶的色、香、味。明代许次纾《茶疏》中说："精茗蕴香，借水而发，无水不可与论茶也。"明代张大复《梅花草堂笔谈》中说："茶性必发于水，八分之茶，遇十分之水，茶亦十分矣；八分之水试十分之茶，茶只八分耳。"等等，可见水之于茶至关重要。

泡茶用水究竟以何种为好，自古以来，就引起人们的重视和兴趣。陆羽曾在《茶经》中明确指出："其水，用山水上，江水中，井水下。其山水，拣乳泉，石池漫流者上。"

我国泉水(即山水)资源极为丰富。其中比较著名的就有百余处之多。镇江中冷泉、无锡惠山泉、苏州观音泉、杭州虎跑泉和济南趵突泉，号称中国五大名泉。虽然泡茶用水以泉水为佳，但溪水、江水与河水等长年流动之水，用来沏茶也并不逊色。井水属地下水，一般说来深井比浅井好。深井打出的水，水质好，适宜饮用。雨水和雪水，古人誉为"天泉"。用雪水泡茶，一向就被中国的文人所重视。

山水

要喝得一口好茶，跟水的酸碱度、软硬度、活性有关。通常弱碱性水、活性高的水为泡茶的最佳用水，这种水与茶叶中各种物质的结合能力高，在口感上表现为“汤感细滑、饱满”。

当今家庭很多都是用自来水泡茶。自来水，一般都是经过人工净化、消毒处理过的江(河)水或湖水。凡达到我国卫生部制定的饮用水卫生标准的自来水，都适于泡茶。有的茶人，为了消除自来水中的氯气，常将自来水贮存在缸中，静置一昼夜，待氯气自然逸失，再用来煮沸泡茶，效果大不一样。还建议将自来水过滤一下，当然，如果能将水变成弱碱性水就更好了。经过处理后的自来水也是比较理想的泡茶用水。

总之，选水一般以甘洁、鲜活、清冽、泡茶时不显涩味、茶叶汤色稳定为首选。

专家研究表明，酸性体质的人容易生病，所以，借助喝茶可以达到中和人体内的酸性，从而达到调节人的整体机能的目的。但是，有些水性硬，无活性或活性低。因此，即使是纯古树的老茶，若用此种水冲泡，茶师的泡茶技艺再高超，也不能泡出希望的“茶香、茶味、茶韵”。它只会让茶香轻微，茶味也难发挥出来，当然也就体会不出滑感、饱满等感觉了。

云南某傣家寨的古井

天然活水就最好了，特别是来自于高海拔的山泉或溪水。但现代人身在城市中，上哪里去找那么多天然活水呢？所以，大多茶友们都只能退而求其次地使用桶装水。在桶装水中，又以矿泉水、纯净水最佳。譬如，笔者在昆明用过航空山泉与金龙珍茗水（纯净水），两款水活性都高，只喝水，也是软的，冲泡出来的茶汤还算不错。

当然，饮水机也要定期清洗，防止机中构件因不清洗而对水造成二次污染。另外，桶装水千万别晒太阳。阳光暴晒下的桶装水，一两天的时间就会变质，可能会使冲泡出来的茶汁带上令人讨厌的酸味！

静静流淌的溪水

小贴士

不宜泡茶的水

泡一壶好茶要满足五个条件，即茶叶、水、茶具、茶艺及环境。其中，好水是泡好茶的关键，有些水用来泡茶是难以体现茶的真味的，茶人把温度不宜的水、过老的水、蒸馏水、汽水及果汁等列入不宜泡茶的水的名录中。生活在城市中的现代人已经没有条件用山泉、江河之水来泡茶，即使是居住在山川河流边，在自然环境受到污染的今天，也无法直接取用天然的水。但是，只要避免使用以上列举的禁忌用水，还是可以喝到精心泡制的好茶的。

此外，冲泡成功与否还跟水温高低有关。

如果是新的生茶，用高温沸水冲泡，茶汁味道会过于苦涩。即使是古树、头春茶，用古法制作的茶，那理想中的花蜜香、春天的感觉、大自然的气息、生津等感觉也会全部消失殆尽。所以，一般不建议这样试喝。当然，如果是想试原料的好坏则除外。其实，稍有点常识的茶友都知道，毕竟新茶娇嫩，高温沸水一冲，其中的所有物质诸如茶多酚、儿茶素、咖啡碱等全部释放出来，那茶汁怎会不苦涩呢？

如果是熟茶不论新老，都建议用紫砂壶采用高温沸水冲泡。因为，如果是老生茶，用低温冲泡，那茶味反而又出不来了，这里面的奥妙就在于古树老茶经过多年的转化，茶里产生了相当多的芳香类果胶类物质，此类物质，用低温是泡不出它的滑腻、醇厚与陈香的。可以想象，它沉睡了那么多年，只有用沸水冲泡，才能让它缓缓地舒展，将自己最好的一面展现出来。冲泡老生茶，建议用做工优良的、透气性较好的，壶肚较大一些的紫砂壶。

朋友的爱壶

小贴士

紫砂茶具

紫砂茶具，由陶器发展而成，始于宋，盛于明、清，流传至今。最著名的紫砂茶具是用江苏宜兴南部和毗邻的浙江长兴北部蕴藏的一种特殊陶土，即紫金泥烧制而成的。这种陶土，含铁量高，可塑性大，烧制温度在1150℃左右。紫砂茶具的色泽，是利用紫金泥色泽和质地差别，如天青泥呈暗肝色，蜜泥呈淡赭石色，石黄泥呈朱砂色，梨皮泥呈冻梨色等，经过澄、洗，再进行调配，使之呈现古铜、淡墨等色泽。后人称紫砂茶具有三大特点：即泡茶不走味，贮茶不变色，盛暑不易馊。明代时大彬壶，明末清初惠孟臣制的孟臣壶，清代陈鸣远制的鸣远壶，以及陈曼生铭、杨彭年制的曼生壶，还有当代顾景舟制的紫砂壶，堪称紫砂壶中的瑰宝，成为不可多得的珍品。

当然，泡普洱茶除了用众所周知的宜兴紫砂壶之外，在云南建水还有中国四大名陶之一的紫陶茶具，也能用得上"美器配美茶"这个表达品茶人心声的词藻。至今已有900多年历史的建水紫陶，在历史上享有"宋有青瓷，元有青花，明有粗瓷，清有紫陶"的说法。因此，利用假期，笔者专程从北京飞到云南昆明，再辗转到地处红河州的建水县碗窑村，找到了自己心仪的茶壶。

我的定制圆珠壶

我的紫陶壶

投茶量

冲泡的时候需要考虑的最后一个因素是投茶量。投茶量的多少与喝茶人密切相关。首先，你要看喝茶人的口感重与否，如果口感淡的，投5～7克即可。当然，如果你用的紫砂壶、盖碗较大，投茶量又不小心超过了5～7克，可以采用增加注水量、出汤迅速来进行及时的挽救。如果口感重的话，可以增加投茶量，或少注水都可。

小贴士

与茶味相关的因素

在不同的天气、季节、城市，因空气的湿度和水质不同而泡同一款茶，茶味也会不同。这点相信喝茶人都明白。

当然，说来说去，泡茶最主要的是以满足喝茶人的需求为原则。喝茶人要多喝多试泡，泡喝时心境要平和，要有耐心。毕竟，普洱茶是随时在变化的，不要因为第二次喝与第一次喝的感觉不同就迷惑。这，正是普洱茶的诱人之处，它总让人在不断地思索探讨。

同时，在泡饮的过程中，也要多总结经验，慢慢地，相信每位喝茶人都能找到最佳的出茶点。

我们随处都可品尝到普洱茶

如果你是茶人该如何泡茶

如果是为初级喝普洱的朋友或客人泡茶，泡茶人就须尽量做到在这款茶表现最好时将茶汤倒与来客品饮。初喝普洱茶的朋友们，他们或许以前不喝茶，或许以前喝的是乌龙茶，泡茶人这时就要考虑到尽量不要将三五年之内普洱生茶的苦涩味泡出来。因为即使泡茶人向他们解释“苦涩一会儿就转化为甜、生津”，他们一般也不愿意喝到苦涩味的茶汤。所以，此时泡茶人最好投茶少些，选择活性好水，水温度适中，不用太高，但也不要低于80℃，采取“快进快出”方式，洗茶二道。之所以洗茶二道，是因为很多茶在洗茶时都需要快进快出，不能浸泡过久。如果时间久了，会影响后续的味道及其耐泡次数。所以，第一、第二道出汤要快。出汤快，被泡出的茶味自然不多，这可以从茶汤的颜色来进行判断。之后，再与客人喝三道至十三道前的茶汤。此时，因为投茶量少，又采取快冲快出的方式，所以三道以后的茶汤，其色清冽，绿中有黄，味也不重。若泡的是古树茶，相信客人会喜欢此茶；若泡的是一款古树好生茶，即可引导客人细心感觉此茶汤的真实滋味，比如口腔内会生津，回甘，还有点厚、醇等类似的感受。如果泡的是一款大众茶，也建议如实告知对方。毕竟，他们的品茶能力是会逐渐上台阶的。

古树生茶汤

如果冲泡的是熟茶，也建议泡二三年以后、渥堆味较少的熟茶。注意投茶量不宜多，用高温冲泡、沸水快进茶汤快出即可。一般熟茶的汤色呈现为酒红色时品饮为佳。如果不小心致茶浸泡久而使茶汤颜色过重时，可在下一泡注入沸水多些，快进快出倒入上一泡的茶汤中中和一下。当然，好的熟茶，即使泡久色重，也不会出现不适异味，喜欢茶味重的人士仍可继续品饮。同泡生茶一样，若冲泡的是一款优质熟茶，即可告诉品茶人，此茶的醇香、干净、丝丝甜、滑糯。如果泡的是一款有酸味异味的熟茶，那就直言品茶人，此为一般熟茶，而非好熟茶的独有口感，切不可误导真心想喝普洱茶的初级者。此处，可算是对茶人职业道德好坏的一个考验了。

古树熟茶汤

如果你是品茶人该如何泡茶

如果是作为品茶人的你，自己需要感受一款茶时，从冲泡上来看，应该品尝每一泡的滋味，仔细感觉每一泡的不同。从时间上来看，也可每周、每月、每年都品饮它，相信你会有不同的发现，甚至会让你享受到她带给你的惊喜。当然，可能有时也会让你感觉平淡无奇。这也正是普洱茶让人意乱神迷的地方——它的滋味会变，或醇厚或稠滑或缠绵，茶烟淡淡；它的香气会变，或浓郁或散浅。但无论如何变，它总是从容而宽广的，它总是默默地陪着爱茶的你一同经历春夏秋冬与地老天荒，以及尘世间的恩恩怨怨、爱恨情仇。它默不作声但却潜移默化地在一碗碗的茶汤中注入了很多我们能感悟到的话语。我们在品茶时，就是品茶人与茶在进行对话。可能每位品茶人感受到的不一样，有的悟到了人生的意义，有的开阔了精神世界，有的感觉到了活着的美好，从而更加关爱自己、关爱身边人。有的则将茶视为知己，伤心时，幸福时，总要泡它品它，向它无声地传递着万千情绪。

当然，品饮方式也是多样化的，不是一成不变的。毕竟，每位茶客的品饮习惯各异，有些要喝三泡后，有些要喝重泡的第一泡，有些要喝尾泡。有些喜欢在炎热天将茶泡好后喝冷茶。这几种喝法，其实品茶人都可以试一试。相信经常喝普洱茶的你肯定自有心得。好茶无论是泡重喝还是泡淡喝，它的韵味都能体现出来的，比如：回甜，温暖……身体也会有轻松愉悦感，喝茶人会产生一些美妙的感觉，或回忆过往美好的事情，或仿似漫步在山间干净清爽的一偶，享受自然之趣。

专业的评茶器具

日光下的茶汤

煮茶

如果是茶商在选料时，不妨一煮。因为，煮茶，可将茶内含物全部释放出来，茶料好与否，一喝便知。更有专业的茶人在选茶的时候，就采用了专门的评茶器具。

但是，如果是喝茶人，笔者建议选择经过转化后的生茶或渥堆味很轻的熟茶。经过转化后的茶煮出的汤内基本上不会有寒性物质，这样的茶汤，于饮者而言，品饮起来，既过瘾，又不会伤脾胃。

煮茶时，第一道，水可以少些，以刚浸过壶中茶叶为宜，因为第一道的茶汁烧开后需要倒掉，是为洗茶。第二道，水可多些。经过多次试验，笔者认为以按投茶量和水以1∶400的比例为宜。当然，喝茶人也可根据自己口感来增减投茶量。煮茶时，也可看着壶内茶汤的颜色深浅来决定煮茶的时间；如果煮的这壶觉得味淡了，就可留点汤底在功道杯中，待下一壶煮好的茶汤一并倒入中和一下，公道杯中的茶汤味就又足了。这样，茶汤就更耐喝。

煮茶图

对于有些熟砖，茶客不难发现，其间的茶梗会较多。如果你有这种熟砖，请别着急，正好可以试试将茶梗单独拣出来煮着品，其入口后产生的甜、清冽的感觉的确是一种很不错的体验。

茶梗

茶汤欣赏（一）

茶汤欣赏（二）

美茶配美器

茶器，也就是我们现实生活中常说的茶具，是指人们在饮茶过程中所使用的各种器具。茶具是伴随着饮茶的发生而产生，又随着饮茶的发展而发展。不论茶具的发展演变具有什么样的特征，茶具都是为饮茶而发明的，所以，茶具并不仅仅具有一般器物的特征，而是与茶及茶文化密切相关，单从器物而不是从茶文化的角度看待茶具没有任何意义。

正如美女总是与香车联系在一起一样，美茶也需要与相应的茶具配起来才能达到浓妆淡抹总相宜的味道。

试想，如果你手边有了好茶，却没有适当的茶壶来冲泡，那是不是一件令人十分遗憾的事情呢？对于茶人而言，什么茶配什么样的茶壶是非常讲究的，丝毫马虎不得。更有甚者，被提到了门当户对的地位。

相信已走入婚姻的男女们对门当户对这个词是深有感触的。不是吗，年轻的时候，以为相爱的双方只要有爱情就够了，当长辈说出一点反对意见的时候，相爱的双方反而相爱弥坚，只是一旦走进婚姻，两人真的成为一家人，过起了日子的时候，才发现门当户对是多么使人神往的事情。于茶而言，茶叶与茶壶就好比是一对夫妻，如果配合默契，那么家中一定满是幸福的气氛，否则给人的感觉总是怪怪的，当事人双方也不会觉得幸福的。所以，只有茶叶与茶壶搭配得当，才能冲泡出甘甜完善的茶汤。

我的泡茶一隅

适于冲泡普洱茶的器具

泡茶的茶器

泡茶，特别是泡普洱茶常用的茶器以紫砂壶、盖碗以及飘逸杯等为宜。

冲泡普洱茶还是一门艺术，它富于变化，富有个性，富于创造，而不是一种一成不变的“定式”。好与不好其实只是饮茶者经验的积累，通过正确的冲泡，能充分展现普洱茶的茶性、茶美、茶俗，使饮者达到陶冶情操、身心愉悦、养生延年的目的。

随着普洱茶越来越被人们认可，它的冲泡方法也越来越艺术化了，专业人士还为其设计了专门的步骤：

步骤一：静心备器。在优美、和谐的古典音乐中把茶具备好。

步骤二：紫砂沐霖。即烫壶，用沸水沿壶的内壁冲水，起到温壶的作用。

步骤三：海纳普洱。将紫砂壶中的水注入公道杯中。

步骤四：普洱上桥。用茶勺将普洱茶盛入茶荷里，便于客人观赏茶叶。

步骤五：普洱献姿。用茶荷盛茶叶，请客人观赏普洱散茶的外形。

步骤六：普洱进殿。将茶荷中的茶叶置于壶中，投茶量根据容器的大小投入3～5克即可。

步骤七：润泽普洱。将热水注入壶中，使茶叶与水充分融合后，快速把洗茶之水倒入茶船或茶海，便于冲泡时茶叶的色、香、味更好地发挥。

步骤八：品杯初浴。茶海中的水分入各个杯中，逐个温杯。

步骤九：壶中茶舞。把随手泡的壶嘴提高冲水，使茶叶在水中翻动。

步骤十：游龙戏水。将紫砂壶置于手中轻轻晃动几下，并擦净壶上的水滴。

步骤十一：茶熟香馨。斟茶，茶叶冲泡后，把茶汤斟入茶海中。

步骤十二：茶海慈航。分茶入杯，将茶海中的茶汤均匀斟入各品茗杯中。

步骤十三：陈韵悠然。把分好的茶奉给客人，共同分享普洱茶的色、香、味，悠然中品味人生。

上述十三个步骤中加入的表演成分太多。其实，普洱茶是所有茶叶种类中冲泡方法最多，也是最容易操作的一种。所以，在这里以冲泡倮倮茶仓2009年无量山茶饼为例来展示用紫砂壶泡茶的方法。

1. 备器

备器

2. 备水

水温以沸水为宜。

3. 取茶

如果是饼茶则可以用普洱茶针或茶刀解块，取出适量放入茶荷中，待用。

取茶

实际上会品普洱茶的爱茶人都知道，现解开的普洱茶冲泡出来的茶味是不如解开后醒过一段时间（三周以上）的普洱茶好喝，所以为了能品出该款普洱茶的好来，建议提前解开，放入透气性好的紫砂罐中醒上一段时间再开泡。

小贴士

解茶

压制成紧压茶后的普洱茶对于刚开始喝普洱的朋友来说，对于每次饮用之前要如何把它分成小块来冲泡，可是费了不少心。甚至有朋友对我说过："这茶饼太难撬了，我是拿榔头砸开的！"面对有着生命力的普洱茶竟然能够采用如此鲁莽方式，实在是一种虐待。因此，在这里就来教大家如何轻松解开普洱茶吧!

解普洱茶常用的工具为普洱茶针、茶刀等。笔者喜欢用的是茶针。

茶针和茶刀

轻轻打开普洱茶的包装纸，在开始解茶之前，仔细地欣赏茶饼，用“把玩”这个词一点也不为过。

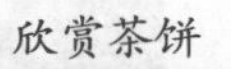

欣赏茶饼

解茶

不管舍不舍得，茶饼总归是要被解开的。在解茶的过程中，请尽可能地沿茶叶的间隙和茶叶条索的纹理方向来撬，这样可以把茶解得更完整些，不容易把茶解得太碎。

仔细地解茶

在解茶的过程中，可以不时地晃动手中的茶饼，以便解开后的茶叶落到你准备好的容器中，避免被重复解到。

解好的茶

就这样，用心地、轻轻地就可以把一个茶饼解开了。而且，我还会根据自己的需要控制解茶的尺寸，有的会被特意地解成块，以便通过时间的不同来检验茶品的转化能力。

存放的普洱茶

每一次解茶的过程于自己而言都是一种难得的享受。当然，如果是初学者，再加上不能做到专心致志，是会有被茶针扎到的情况发生的。之后就是把解好的茶放入紫砂罐中，等待着转化了。

温壶

洗杯

4. 温壶，洗杯

以沸水注满茶壶，盖上壶盖，慢摇数下后全部倒出。

5. 赏茶、投茶

一般以150毫升器皿投茶3～5克为宜。

赏茶

投茶

6. 润茶

将备好的沸水冲入已投入茶的紫砂壶中，此操作的动作不宜太慢，以控制在10秒左右为宜。润茶的茶汤弃之不饮，但是用来养自己心爱的茶宠却是上品哦！

以润茶的茶汤养茶宠

7. 冲泡

头三次冲泡，将沸水倒入紫砂壶，浸泡10～15秒，漏出茶汤。之后每次在此基础上延续5～10秒。

8. 漏茶

把茶汤经茶漏倒入公道杯中。

漏茶入公道杯

9. 分茶

分别倒入每个茶杯中，供友人品尝。由于此处泡的是普洱茶，因此茶杯应大于功夫茶（乌龙茶）用杯，以厚壁大杯大口饮茶，这既适应普洱茶醇厚香甜的特性，也比较贴近云南人粗犷的饮茶习俗。

分茶

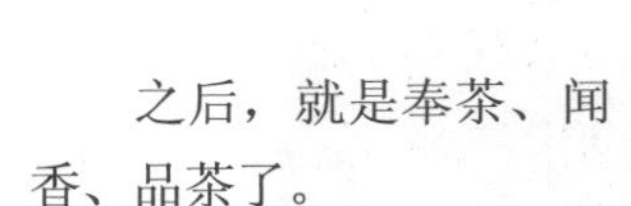

之后，就是奉茶、闻香、品茶了。

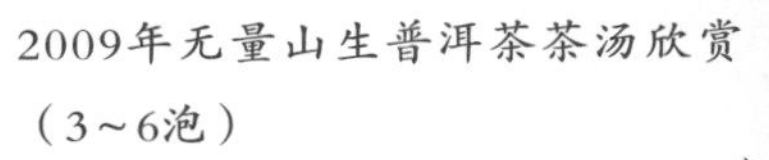

2009年无量山生普洱茶茶汤欣赏（3~6泡）

小贴士

握壶的两种方法

女式握壶手法

男式握壶手法

总之，泡一壶好茶的学问不是一两段话，或者一个简单的流程就可以得到的。爱茶的你只有不断地学习，不断地练习，不断地和茶友进行交流，才能越泡越老到，滋味也就越来越久长了。

盖碗冲泡法

盖碗（杯）冲泡法是茶人常用的泡茶方法。一来，素有三才杯之称的盖杯有不加掩饰的效果，可以方便客人观察碗中茶汁及叶底。你泡的茶好，茶汤与香气自然流露；你用的茶品质欠佳，盖杯必然会让它丑态尽出。二来，与用紫砂壶冲泡相比，更省茶叶。嘿嘿，这里面也蕴藏着小小的生意经呢。这里以冲泡2001年宫廷普洱为例。

有一种普洱茶名为宫廷普洱，当然它是属于普洱茶熟茶中的一种。想来这个茶应该是有故事的。或许是因为在清光绪二十九年正月十八这一天，北京紫禁城内的春节气氛尚未淡去，酷爱京剧的慈禧太后传出懿旨，要在颐年殿看戏。演出前，奏事太监预进了赏赐陪同看戏的诸臣名签及赐品。获准后，十五位大臣被宣召入宫。此刻慈禧太后心情不错，于是传令赏赐群臣。这一天，御茶房的日志上便有了“敬事房要取普洱中茶十五个以赏赐颐年殿看戏诸臣”的记载。其实能荣幸得到御制普洱茶的仅限于那些朝廷大员和皇帝的近臣。

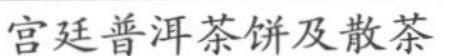
宫廷普洱茶饼及散茶

大、中、小盖碗

备器

选器

市场上看到的盖杯一般分成大、中、小三款；可依据饮茶人数、喜好灵活选择。

赏茶

将已提前醒好的普洱茶取适量置于茶荷中，观其形、闻其干茶香、赏其色。

赏茶

洗杯

使用时盖杯必须保持洁净和相当热度。因此要用沸水先行浇淋杯体，如同温壶般温杯。

洗杯

投茶

投入适量茶叶，置茶量为一般盖碗容量的（1/3～2/3）。水沸后，水注入杯内环绕一周如打圆圈的热水冲泡茶叶，才能将每片茶滋润得宜。水与干茶用量的比例一般为（1/20～1/15）。

投茶

洗茶

冲入沸水，并迅速倒去。达到洗茶和温润茶的目的。特别要声明的是：虽然某些茶艺专家不喜欢“洗茶”的说法，但是，对于普洱茶而言，因其存放时间越久味道越醇，于是，不可避免地会产生尘土味，因此还是先洗一下为好。而且，自己每次在冲泡普洱茶的时候，茶的年代越久，洗茶的次数反而要增加。这也算是一点冲泡陈年普洱的小心得了。

洗茶

洗茶的茶汁用来养心爱的茶宠，效果也不错。

洗茶的茶汁用来养茶宠

正式的冲泡

茶在碗里与水亲密接触，经过几秒钟后倒出来的茶汤滋味最佳。需要控制的是茶叶的出水时间。在冲泡的过程中，浸泡时间会因冲泡次数的不同而有所不同。1～3泡浸泡10～30秒，以后每加冲一泡，浸泡时间宜增加10～30秒。当然，这个时间也不是绝对的，仅供参考。如果你很生硬地摆上一个秒表来控制时间的话，也不太可能冲泡出好喝的茶汤来，而且还会让同饮者对你的冲泡技艺产生莫大的怀疑。

第一泡

刮沫、冲盖

在冲泡的过程中，刮沫、冲盖也是冲泡者经常会用到的两个动作，如果不小心，还会不慎把开水冲到自己拿盖的手上呢，所以在保证动作流畅的情况下，一定要小心为妙。

刮沫

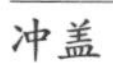

冲盖

漏茶、分茶、奉茶

漏茶

分茶

奉茶

在品饮之余，还可以尝茶汤，饱眼福：

宫廷普洱茶汤欣赏（2～5泡）

此处借机介绍闻品杯的使用方法。

入闻品杯（分茶）

合杯

翻杯

拔杯

小贴士

用盖杯的小技巧

用盖杯，看似单纯，却要手指耐热和掌握倒水速度。这可没有什么捷径可走，只有多练习，才能熟能生巧！

小贴士

怎样冲泡出来的茶才是好滋味?

不是每泡茶喝起来都一样才是好滋味，只要你和茶友品出乐趣就是好滋味！一般来说，头三泡出汤时间不宜超过1分钟，控制在30秒内为佳。在冲泡的时候要考虑到不同季节、不同年份普洱茶的冲泡技巧。具体到每种茶的冲泡方法，因茶的不同，需要灵活多变，多泡多喝，多练习，自然能够掌握。

总之，不论你选择何种茶器，均以最大限度地挥发出普洱茶的茶性为原则。

普洱茶文化的传播要从孩子做起

普洱茶的贮存

普洱茶的生命历程，狭义地说应该是从其成型后开始的。尤其是生茶，它的自然发酵过程时刻体现着普洱茶的精髓所在，即便是熟茶，只要与空气接触就不可避免地要继续发酵。自然发酵的程度与室内的湿度与温度有着紧密的关联，这也就延伸出了普洱茶的储藏原则。

原则一：生、熟分开

普洱茶的存放首先要注意到生茶与熟茶放在一起会串味，应该尽量将生茶和熟茶分别放在两个不同的容器或房间里，同时要遵循离墙30厘米和离地30厘米原则，即“双三十原则”。

虽然此原则在一般家庭里比较难做到，但还是应该尽量满足。

原则二：透气

如果有条件的话，可以将普洱茶放在陶罐里存放，陶罐的好处是既有密封性又有透气性。如果是在天气很潮湿的地方存放，则需要在陶罐下撒一些干石灰或木炭、竹炭等，以确保万无一失。贮存普洱茶的室内湿度以70%～75%为最佳，温度一般在28～31℃之间，这在一般家庭里相对比较难控制。

存放普洱茶的陶罐

保倮茶仓存茶一角

原则三：气味

南方和北方的气候条件不尽相同，因此普洱茶的转化也不一样。譬如，在最适宜普洱茶存放的西双版纳与在北京的气候环境下贮存，前者的转化速度就会快一些，而后者就会缓慢许多。也就是说，同样的一饼茶，在同样的时间下，在不同的城市贮存，冲泡时得到的茶味很有可能是不一样的。

存放普洱茶主要注意的是气味。茶叶最擅长吸附杂味和异味。一些能干的主妇们，会在刚装修完的新居中撒上一把茶叶以吸收室内的异味；或者在冰箱里放上一碟茶叶以净化其间的异味，等等。这是大家都知道的生活常识。因此，存放茶叶的地方一定要干净，不能有异味。诸如香皂、樟脑丸、蚊香、油烟之类的物品一定要远离茶叶。还有一点要注意的就是，普洱茶的包装基本都是棉纸，棉纸能保证茶品有良好的透气性，有助于茶叶在后发酵时过滤掉杂味以确保清醇。有些人或许会觉得棉纸易破易碎，就把棉纸丢掉，以为换成密封的塑料纸包装就可以防止普洱茶变味了。实际上，这样做对普洱茶的后期发酵是有百害而无一益的，尤其是有些塑料纸或塑料袋本身就带有异味，就更难保障茶叶的品质了。

共享茶之趣——看斗老茶

记得小时候背过的毛主席语录中有一条叫“与天斗其乐无穷,与人斗其乐无穷！”，时过多年后，把这句话改成“与茶斗其情悠悠”也该是一个不错的想法。

茶友王珊母女，听说笔者得有1983年的普洱茶，便也掏出了自己“压箱底”的老茶，斗将起来。哈哈，看斗茶，品老茶，一泡一泡间，洗去尘土，洗去铅华，“图穷匕首见”这个短语用在这里好像与茶的淡泊相去甚远，但是，却在某种程度上表达了自己对老茶的感受。

从最初的不分伯仲，到后来的各现灵性，再到最后的一生一熟本性的体现，正如一个人无论外表看上去化妆得多么秀美，比如梅兰芳，但是，男人就是男人，装扮以后再多像个女人，那也仅仅只能停留在一个“像”字上。

第二泡茶汤

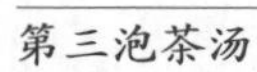

第三泡茶汤

由于之前还没有喝过此种年份的老茶，因此，心中怀有一个疑问：当生茶和熟茶摆放的时间足够久，会不会分不出彼此来了呢？经过本次斗茶，收获颇丰：生茶、熟茶在制作的时候，其性已定，后世再如何的经风见浪，也是不可改的。那么，如果男人女人间真达到了两情相悦以后，多少年后，其情仍然是值得珍藏的。人们总喜欢用“相濡以沫”这个词来描写那些共同度过了一辈子的老夫老妻们，其实，自己更愿意夫妻间的情感能如同这生普、熟普一样，时间越久味道越醇厚，滋味也越独特。

第六泡茶汤

第八泡茶汤

第九泡茶汤

第十泡茶汤

第十二泡茶汤

斗茶结果：上述所有图中，左边为1979年的生普，右边为1983年的熟普。在泡到第14泡时，大家终于因茶而醉，于是宣布斗茶结束了。

第十四泡茶汤

同时，在品茶的过程中，还曾经因为醉心于味蕾之欲，而忘了拍摄其中的几泡茶汤。与坐的茶友们一致认为，喝到腹中，也算是一次记录了。哈哈！

1979年干茶样

1983年干茶样

六碗茶

你可以选择的几种体验模式

由一壶普洱想到的

普洱茶的名声实在太好，好到了除云南之外的许多地方也做起了所谓的“普洱茶”。这下普洱江湖上可是乱了套了。一时间，人们可谓是听普洱色变啊。好在，善恶自是有公论的。

为了保护好普洱茶这一造物主赐予云南的宝贵财富，维护广大消费者身体健康，进一步提升普洱茶产品的影响力和市场竞争力，促进普洱茶产业的健康发展，一部“从茶山到茶杯”对普洱茶产品进行全面规范的、操作性很强的标准出台了。国家质检总局于2008年5月发布，并于2008年12月1日开始实施的2008年第60号公告《关于批准对普洱茶实施地理标志产品保护的公告》毫无疑问地成为了云南普洱茶的福音。在这个公告里，开始对普洱茶实施地理标志产品保护，并明确规定了普洱茶的地理标志产品保护范围、质量技术要求及专用标志的使用。按照这个规定，只有产自云南的普洱市、西双版纳傣族自治州、临沧市、昆明市、大理白族自治州、保山市、德宏傣族景颇族自治州、楚雄彝族自治州、红河哈尼族彝族自治州、玉溪市和文山壮族苗族自治州等11个州、市所属的639个乡镇的产品才是普洱茶。此标准对普洱茶的树种资源、产地规划、茶山管理、原料要求、加工工艺、品质特征等作了明确规定，是指导普洱茶生产、稳定产品质量的重要技术支撑和依据。

易武茶山的早晨

普洱茶屏风

在普洱茶产区，各种与普洱茶相关的茶文化摆设很常见。相信20世纪70年代以前出生的中国人看到伟人毛泽东同志题写的“为人民服务”的普洱茶屏风时，肯定会引起无限怀想的，对不？

在稳定现有普洱茶消费市场和消费群体的基础上，要努力开拓新的普洱茶消费市场，增加普洱茶的消费亮点。因此，作为一名积极的旁观者,笔者还得说说除了普洱茶生产之外的其他内容。

以现有市场来看，一般人进入普洱茶市场，说的就是：“我要找品牌的，比如中茶、大益、七彩云南的普洱茶……” 特别地，进入21世纪以后，云南省把普洱茶列为了重点发展的产业之一。

那么，作为普洱茶生产企业应该如何抓住机遇，快速发展呢？

不难发现，国字号的企业中粮集团，当仁不让地把自己的目光对准了普洱茶这个既古老又充满生命力的产品。“中茶” 牌普洱茶在国字号普洱茶中占了主要地位。众所周知，中粮集团旗下的中国茶叶股份有限公司是中国茶叶行业中的龙头企业，在国内赢得广大消费者的青睐，并屡获国际茶叶评比大奖，让中国茶的淳厚香味弥漫全世界。

“中茶”牌商标图案的源起，是新中国茶叶史中的一则传奇。中茶公司成立后，时任中茶公司经理、后被尊称为“当代茶圣”的吴觉农先生提出，中国茶叶要走向世界，必须要创立自己的品牌。于是，中茶公司于1951年3月25至27日连续三天在《人民日报》、《上海解放日报》、《大公报》刊登启事，以100万元的奖酬征求商标图案。此次征稿活动，是新中国成立以来最早在全国范围内进行有奖征稿的经典案例。此次征稿，共计收到来自全国各地的100多个设计方案。“中茶”牌商标图案，就是从中择优选取的。1951年12月15日，“中茶”商标经中央私营企业局核准专用权，是新中国最悠久的商标之一。

一个绿色的“茶”字，表达“对自然与健康的向往和追求”；8个红色的“中”字，象征生机勃勃的中华大地及“金色中华，精品中茶”的产品定位和追求，蕴涵了中茶“根植中华大地，奉献自然与健康”的理念。“茶”字笔画平直，“中”字圆润有流动感，“茶”居中而“中”在外，寓意“刚正平直，流转自如”的人文传统；“中”字互相连接成齿轮状，意指传统茶叶的现代化，并蕴意“中华茶文化，饮誉世界、弘扬八方”。

我收藏的中茶牌圆茶

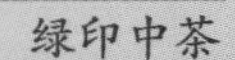
绿印中茶

中茶砖

半个多世纪以来，随着一箱箱中国茶叶漂洋过海，“中茶”品牌获得了海外经销商和消费者的高度认同和信赖，成为中国茶叶的象征。目前，中茶系列茶叶在国内市场拥有广泛的市场号召力，中茶牌普洱茶更是当之无愧的茶叶极品。

我们也不难发现，无论是云南的普洱茶营销市场，还是北京等地的茶叶市场，一直以来，普洱茶除了不多的几家大企业之外，更多的还是家族似的企业，夫妻档、兄妹档等一些相互间具有血缘关系的人汇聚在了一起，通常是家庭作坊似的。很多手艺都是上一辈人传下来的，所以，谈不上更多的创新。

但是，随着时代的变迁，更多的受过高等教育的有识之士，也开始涉足这个行业。这些人最初往往是因为自己喜欢普洱茶，于是，就把这种业余爱好当成了自己终生的追求，成了自己一生的职业。

今天我们只要一进入昆明巫家坝机场，扑面而来的是云南普洱茶的巨幅照片，以及扑鼻而至的普洱茶香，相信没有人能够抵挡得住这种特有香气的诱惑。

笔者自己就是一个很好的例子。一向自认为比较节俭的自己，总是告诫友人：别在机场买东西，要买也去机场外面买。结果，自己在等待从昆明飞往北京的航班时，一次又一次地因普洱茶而打开了钱包。

一些受过高等教育的普洱茶粉丝们，把自己的知识运用到了普洱茶产销一体化中。众所周知，立顿红茶在中国的销售量的曾经引起了我国茶人的呐喊：“七万家中国茶厂不抵一家立顿”。如何提高普洱茶的工业化、标准化和规模化进程，从而进一步提高普洱茶的竞争力，是一个值得研究的问题。考虑到新时期人们的快节奏生活，作为爱茶之人，你如何能品饮到自己心仪的那一款普洱茶呢？从正常情况来看，无外乎就是借助茶博会、茶叶批发市场、普洱茶专营店、普洱茶会馆等几种方式。

自己从昆明机场购得的普洱茶中的一款

你要去茶博会

走在六大茶山的产茶区，道路两旁的普洱茶加工厂令人目不暇接。但是，这些众多的普洱茶生产加工企业大多数为家庭作坊式，一定规模以上的龙头企业屈指可数。厂家虽多，但产量不高。茶业生产经营者，大多安于落后的小农生产工艺，而没有注重在保留原有传统特色的同时，还要根据市场需求改良品种、改进制作工艺。正是这些分散的家庭式生产经营，造成普洱茶销售市场自成体系，各自为政，出现相互压价、恶性竞争、以次充好、假冒伪劣的行为，在损害消费者的同时，也损害了企业自身和云南普洱茶的市场形象。目前市场上虽然已涌现出“中茶”“大益”“七彩云南”等著名商标，但占全国普洱茶的份额还较少。大部分的普洱茶生产企业在生产和销售规模上、在商标影响力等方面，仍与这些知名品牌存在着一定差距。加上企业宣传促销抓得不够到位，没有形成产业链，普洱茶的价值仍不能得到完全的体现，整体营销效益偏低。

七彩云南普洱茶

那么，作为普洱茶生产企业如何才能使自己的产品在众多的普洱茶品牌中脱颖而出呢？

积极参加与茶叶相关的各种展览会是普洱茶生产企业的不二选择。

从在北京举办的第一届中国茶博会算起，历次各种茶博会的举办，一是弘扬了中国茶文化，二是推进市场化。那么，作为普洱茶企业，就要充分地利用茶博会做好茶叶品牌宣传。

众所周知，展会具有积聚性特点，能够将不同区域大量的产业、企业和产品汇集在同一个地点进行集中展示，参展商通常可以接触到整个行业的大部分客户，可以在短时间内接触到大量的消费群体，获得众多有关客户和消费者的信息，获得同类产品和有关不同产品的新产品品种、品质、规格、加工、包装、储藏等研发信息，引导和推动本地区、本企业新产品研发，促进产业和产品结构的提升和优化。这种信息的高度集中是电话营销、拜访客户、一般性商

茶博会一景

业谈判等销售方式所不能比的。同样，采购商、代理商、批发商、零售商、消费群体等参观者，也可以在短时间内，与大量现有的和潜在的供应商接触，货比三家、耳听六路、眼观八方，饱览和享受发展之新成果，感受和共享竞争之实惠。这是用其他方式在相同的时间和费用情况下，无法获得的效果。

同时，大型的行业展会上畅销的产品以及具有良好效益和广阔市场空间的产业，会成为产业发展和新产品开发的风向标，从而刺激和带动优势特色产业和产品及强势龙头企业的快速发展、突破与跨越。近几年，云南普洱茶的生产、加工、贸易不断迈上新台阶，产品丰富、品质提升、质量提高，生产加工手段创新、科技含量增加，品种、规格、包装多样化、人性化，可适应不同层次消费群体，需有所供、供求平衡，特别地，还引入了观光休闲和普洱茶文化的传承功能，使得云南普洱茶的生命力越来越旺盛。

历来普洱茶的买卖讲求的就是当面开汤品饮，于是，无论是普洱茶企业还是饮者，参加展会，与普洱茶进行面对面交流是不二的选择。

"百闻不如一见"、"眼见为实"，是展会面对面交流的写照。参加者可以直接触摸参展的普洱茶展品，品尝产品，亲身感受普洱茶带给自己的曼妙感觉。

同时，展会的直观特性还会为茶叶经营者带来特别的商机。在这里，参展商可以直接面对客户，寻求客户和商贸机会。免去寻求客户与市场的中间环节，花费最少，时效最高。当面交谈获得的信息，往往要多于其他沟通方式。谈判双方在获得语言信息的同时，还可以从对方的神态和微妙的肢体语言中，获取有价值的商业信息。而且，除了在展台上可以获得企业广告资料以外，通过交谈往往还可以索取更多的图文资料。

于此而言，地处云南澜沧江北回归线上的双江双龙普洱茶厂的杨加龙厂长可真是深有体会了。杨厂长带着自己的普洱茶，多次参加了与普洱茶有关的展览会，且获得了丰富的回报：2005年11月25日，在第四届广州国际茶文化节普洱茶王大赛中，获得了生、熟饼金奖。2006年5月，在中国临沧市首届茶文化博览会第二届普洱神农奖公开赛中获优秀奖。2006年，在第六届国际茶叶联合会茶叶评比中，冰岛王圆茶荣获国际名茶金奖、莊蹻牌七子饼荣获国际名茶银奖。2007年5月30日，在中国成都首届茶文化博览会"南峤杯"茶叶评比中，"莊蹻牌勐库冰岛正山老树园茶"荣获金奖。2007年5月，在第三届普洱茶"神农奖"公开赛中，"勐库冰岛正山母树茶砖"获金奖。2007年5月，在第三届普洱茶"神农奖"公开赛中，"勐库大叶种老树茶"获优质奖，"金瓜贡茶"获优质奖。2010年6月8日，在2010第四届中国（西安）国际茶文化博览会

“品牌普洱”评选活动中，“勐康”牌冰岛生态古茶生饼荣获特等金奖、“勐康”紫茶生饼荣获银奖、“勐康”宫廷普洱荣获金奖。特别是，在北京举行的第七届茶博会上，其隆重推出的勐康有机茶更是获得了良好的声誉。在展会上主办方随机抽查的产品中，勐康有机茶也傲立获奖普洱团队中。

与此形成鲜明对比的是，低调的杨厂长，小小的展位上，引来无数饮者。

一向喜欢用茶来讲话的杨厂长，在众多茶客面前显得有些木讷，但是对自己茶的自信却是不容置疑的，否则也就不会有与名人江泓先生的一见如故，进而获得了江先生的墨宝。对此，杨厂长深感自己作为茶人肩上的责任有多重。在这里，为了尊重杨厂长与江先生之间的隐私就不把题字展示出来了。就以杨厂长的产品为代表吧。

参展产品

不带品牌标志的普洱茶

同时，展会还可以加强同行之间的互动。“同台竞技”加深了同行之间的了解。通过展会，可以搞清楚对手在做什么，了解自己在同行中所处的地位。最重要的是，可以通过与同类企业在生产技术、产品性能、营销策略等方面的比较，明确今后的发展方向。

参加一个好的展会，就有可能在最短的时间里，获取最多的商业信息，完成最大的贸易与合作。成功的展会必然是一个大型订货会，大公司的大笔订单，多数是在展会上获得的。杨厂长也充分地体会到了这其中的好处。2008年，杨厂长带着自己的产品来到北京农展馆，参加农业博览会，在这里结识了茶叶批发商闽浦珊山茶庄的刘红英母女，双方最终建立了长期合作关系，彼此互相信任、互相支持，获得了双赢和多赢。

品牌是企业在市场活动中逐渐培养出来的，为消费者崇尚的一种信心、信任和荣誉，一种消费者所期望的质量和价值观，是企业发展过程中巨大的无形资产。

品牌具有较高的知名度、较好的规模成效、较强的权威性以及规范的服务和完善的功能这四个基本的特征。对于产品而言，品牌是其最简单最简单、最易识别的符号，商品或产品特征能够帮助观众记忆。无品牌的普洱茶内质再好，其市场对象也是流失的。品牌代表的是一种信任、一种质量、一种承诺，是品牌所有者综合实力的体现。

打造品牌是一个系统工程。品牌推广是品牌建设最重要的环节之一和最终目的。《孙子兵法》曰：“治兵不知九变之术，虽知五利，不能得人之用矣。”品牌推广就是要将品牌最终送到消费者手中从而实现品牌价值。没有品牌推广，品牌建设就失去了应有的全部意义。再好的品牌设计其效果都是零。显然，品牌推广对于品牌建设有着至关重要的作用。

但是埋没在展会巨大的商品及产品堆里，产品被挑出的困难可想而知，而展示作为拥有一定规模的空间形式，在帮助受众识别商品及追寻品牌方面，无疑也是大有作为的。要实现展览展示的理想目标，既要设计得视觉美观，礼仪服务也要得体。

例如，笔者在第七届中国茶叶博览会上认识的云青茶业三兄弟，就是充分地利用了展会的此项功能。

一向认为品茶三人以上便会觉得有点燥的我，看到人多的展位便只远观，但是在看到了自己之前在淘宝上购买过的“老曼俄”普洱茶产品的展位时还是停住了脚步。

老曼俄普洱茶

在这里，我受到了被我称为“老曼俄三兄弟”的热情接待。有道是，相逢何必曾相识。落座后，开汤泡起了这款名叫“老曼俄”的普洱茶。一泡二泡三泡……在交流中，不知不觉地在这诱人的黄与微苦中二十泡已过，那色那味仍然在舌尖舞着。

老曼俄茶汤欣赏

更难得的是，那茶碗竟然与自己平素用的茶碗长得一模一样。于此，我不得不相信缘分了。

简简单单的碗中普洱茶的优劣自现

在聊天中，对“老曼俄三兄弟”的认识也慢慢地加深了。于是，这样的结论也就应运而生：随着时间的推移，一些有知识有文化的有志之人，开始加入到普洱茶制作大军中，以“认真做茶，认真做人”的理念跻身于普洱江湖中。我相信，也正是有了这样一批人的存在，将一改老辈普洱茶人只知道低头做茶，却无法运用现代经营管理理念来管理普洱茶的习惯，为普洱茶的明天谱出新的篇章。

我坚信，其实还有很多认识不认识的普洱茶人也正在默默地贡献着自己的力量。这是我个人参加茶博会的最大收获了。

老曼俄三兄弟

被用作技能大赛唯一指定用茶的倮倮茶仓普洱茶

你要去云南普洱茶专卖店

普洱茶产品的品牌推广，也称品牌宣传。其方式多种多样，并无固定的模式。有关研究表明，近年来我国的茶叶营销中最有效的品牌推广方式主要有：口碑传播、网络推广、利用产品本身的推广、实地推广等。普洱茶专卖店倮倮茶仓正是这三种推广方式的良好受益者。

原为记者的倮倮茶仓仓主，在采访普洱茶企业的过程中，发现自己竟然也是普洱茶的爱好者，于是彻底改换门庭，成为云南普洱茶推广大军中的一员。倮倮茶仓，得名于彝族的隔年陈茶(隔年陈茶即当今的普洱茶)。倮倮，今彝族支系的族、倮族等少数民族，古代通称蒲满人。蒲满人是最先发现和利用茶的祖先，每逢碰上他们的一些传统活动，祖先们即到森林中采摘野生茶作为祭神和祭祖的贡茶，并有经过发汗的隔年茶能治病的传说的近代倮倮普洱茶，正肩负着演绎普洱茶的神秘传奇故事之重任，在混乱但执爱的普洱路上稳步前行。

云南品牌“倮倮普洱茶”的宣言是欲打造长久的、具美誉度的、民族的品牌，它要每一款茶都经得起推敲，都经得起时间的检验，它的每一片茶叶都采自百年以上的古乔木茶树，它的定位是中、高端产品，自然服务于中、高端人士。 真心做茶、科学说茶、诚信卖茶，是倮倮茶仓坚守的经营理念。倮倮普洱茶一经上市就以其个性的包装、易武的古树纯料、传统的工艺、温柔的价格受到广大茶客一经的喜爱，并在2006年由云南省政府主办的“中国首届普洱茶博览会”上被荣选为“技能大赛唯一指定用茶”；后被专业网站——普洱茶交易网评为“2006年最具文化底蕴品牌”。2007年，倮倮普洱在《普洱江湖》、《三醉斋》等专业媒介举办的评选活动中被广大茶客投票选为“十大个性品牌”，成为知名度前50强的茶品牌。如今，倮倮茶仓在三醉斋淘茶坊里也是人气最为旺盛的一家茶铺。

首先，倮倮茶仓建立了自己的品尝实体店，欢迎广大的普洱茶客们到店里品尝，感受倮倮茶仓博大精深的文化魅力。这是口碑传播的开始。口碑传播是影响消费者态度、行为的主要因素。

中国消费者信奉口口相传，口碑传播的隐意是“我已经品过了”，所以值得信赖。因此口碑传播公信力好、作用范围广、经济高效。这种方式也成为普洱茶的主要营销方式。茶叶，特别是普洱茶的消费是一种重在品质的消费，而品质只有经过体验才能被感知。感到满意的顾客会积极地去为自己满意的产品做宣传，客观上推动了品牌推广。口碑传播便是平时人们面对面的、最直接、最高效沟通方式，容易成为一个“圈子”中一段时间内的谈论话题，通过对产品满意的人告诉其身边的亲朋，信息直接到达受众的心底。各个阶层、群体、地域的人们往往认为口碑传播是最可信任的信息来源之一，它的说服力比广告、公关及其他任何推广方式的说服力都要强，是产品消费者主动为产品说好话，是消费者自发为品牌、产品做推广，一般不需要企业付出任何代价。茶客都有一个共性：凡是自己品着觉得不错的茶品，一定会自发而认真地推荐给自己的亲朋好友，正如时下流行的“6P”营销理论所言，他们会与该产品及其企业保持长期的良好关系，并成为品牌的积极传播者和忠实客户，于企业而言，

我喜欢的倮倮06易武普洱茶

将会为企业带来高度的品牌忠诚与销量。

其次，倮倮茶仓在时下最大的电子商务网站——淘宝网上开了网店，在茶业的门户网站——三醉斋设立了倮倮茶仓论坛，以多维的营销方式在尽情地宣传自己的品牌。随着网络这一新兴媒体的迅猛发展，中国网民迅速增加，在网络已经逐渐成为品牌推广的媒体新贵的今天，一批有知识有文化的普洱茶人勇敢地走出了原来的那种守着祖祖辈辈传下来的神秘的制茶手艺，却又对其更深层次的东西知而不多的“围城”。我们都知道，网络广告具有明显的非强迫性、交互性、实时性、经济性、易统计性和形式多样等特征，备受人们特别是年轻一代的欢迎。同时，网络营销也成为不可小看的一股新生力量，也正是网络，使得普洱茶产品与饮者的距离大大缩短。

当然，对于把产品营销对象定位于知性普洱发烧友的倮倮茶仓而言，自己精心打造的普洱茶全家福，当然也要赋予了一个美好的名字——倮倮茶仓“十二金钗”。

1号金钗　倮倮01（无敌）：都道是琼浆玉液，俺只念义武佳木。空对着，玉宇琼楼白玉汤；终不忘，世外仙姝暗香动。叹人间，知音难得今方信。纵然是千金散尽，已难觅踪影。

2号金钗　倮倮王中王：许是茶苑仙葩，或许是美玉无瑕。若说没奇缘，今生偏又遇着它；若说有奇缘，如何心事多虚化？不要枉自嗟呀，无须空劳牵挂；痴情掬水中月，思念有镜中花。想杯中能有多少知心话？怎经得秋说到冬尽，春说到夏。

3号金钗　06珍藏版：喜滋味正好，恨相逢难到。干脆地，把俗事全抛。乐悠悠，光阴消耗。望前方，麻黑山高。故向爹娘梦里相寻告：儿心已托普洱，名利场，须要退步抽身早！

4号金钗　倮倮06秋茶系列：一帆风雨路坎坷，把世事纷扰全都抛闪。恐不识真味，且无言，留些儿悬念。自古良莠皆有定，相知岂无缘？从今儿认定，长饮保平安。来去也，时牵念。

5号金钗　倮倮09金贵：深山中，无人知茶香。纵居那闹市中，谁知涵养？有幸尝，英豪阔大宽宏量，从此将儿女情长略萦心上。好一似，霁月光风耀玉堂。方懂得壶中奥妙，许下个地久天长，一生缘总难舍普洱茶汤。终究是云散雾开，水凝神爽。这是尘寰中消长数应当，何必枉感伤！

6号金钗　倮倮10金贵：气质美如兰，色泽馥比仙。天生成佳话人皆罕。有道是啖肉食腥膻，视绮罗俗厌，却不管品高人愈妒，过洁世同嫌。雄心在，青山易老人不老；知足者，寒冬依然春色阑。到头来，依旧是风尘不染好心愿。好一似，千杯不多觅知音；又从头，万盏不醉叹奇缘。

7号金钗　倮倮3 000克熟砖：山中情，桌前缘，更要念当日根由。一味的酣畅淋漓贪欢喉。一身轻，闻鸡起舞舞同柳；满踌躇，抽刀断水水自流。任万丈豪情，一杯荡悠悠。

8号金钗　倮倮400克熟饼：将那红尘看破，功名利禄待如何？把这炉火打着，觅那清淡天和。再说道，杯中乾坤大，茶里知音多；到头来，谁把春错过？则看那，千帆侧畔鸥唱歌，万树枝下人吟哦。更兼着，连天绿草遮车辙。休管那，昨贫今富人劳碌，春荣秋谢花折磨。似这般，闲云野鹤任人说！可知道，普洱宝树唤婆娑，上结着如意果。

9号金钗 倮倮250克小熟砖：饮茶倮倮未能忘，士行千里杯不凉。取汤煮香茗，絮语话安康。家和人宁，终有些诗情画意在心上。不管它，意悬悬世炎凉；好一壶，茶定心路更长。忽喇喇似大旗飞，车辚辚似上疆场。哦！一场欢喜皆兄弟。叹甘甜，终难忘！

10号金钗 倮倮樟香老熟茶：留余香，留余香，忽遇好茶；幸有缘，幸有缘，相见恨晚。劝路人，且饮一杯。休似前方那名利场急匆匆的苦命诸君！正是退后饮茶，海阔天空。

11号金钗 倮倮10无量：茶杯中恩情，更那堪梦里功名！知美韶华去之何迅！再休提爱恨情仇。知音无须多，一生就，好茶一杯无悔无愁。虽说是，人生在世须尽欢，也要有爱物长陪常在手。气昂昂粪土王侯；光灿灿身正风清；威赫赫不怒如钟；坦荡荡如沐春风。问古来将相可还存？还看我饮者指点江山。

12号金钗 倮倮雪芽：茶山春尽落香尘。擅风情，秉月貌，便是好茶的根本。四海来客皆从敬，万事放下心自宁。聚散总因情。

挑黄片的瑶族女孩

你要去普洱茶会馆

现如今，一提到茶，特别是云南普洱茶，必然与人的精神生活联系上，形成了一种独特的文化现象，这绝对是咖啡、可可等饮料无法与之相媲美的。不管你的钱包是否充盈，总能找到一款适合你的普洱茶。随着时间的推移，人们已经开始讲究茶、水器，使茶馆开始向高雅精致的方面发展了。

现代茶艺馆于20世纪70年代首先出现在我国台湾。大陆最早的茶艺馆是老舍茶馆，创办于1988年，被誉为“民间艺术的橱窗”。此后，全国各地相继开张了多家茶艺馆，而且在大中城市里蓬勃发展，方兴未艾。

老舍茶馆一隅

茶艺馆是茶与艺术的结合，在这里虽然以品茗为主，但特别强调文化气氛，既重外部环境，更重内部的文化韵味。除名家字画、民间工艺品、古玩以及名贵的茶叶、茶具外，还注重在优雅的茶艺表演中传播中华民族的传统美德。这里不再是三教九流聚会的地方，出入其中的大多是文化界、学术界、工商界人士。从而也就产生了新时代的 “请人喝酒，不如请人喝茶” 的流行时尚。茶是香的，轻啜一口，可以冲走刚吃进肚中的那种一时不可以消除的盘旋全身的油腻感。现代人确实让人觉得很奇怪，有时候，他们并不在乎花了多少钱，而在乎消费的时候是否让自己觉得物有所值。见惯了太多燕窝与鱼翅的有钱人，也不希望自己在别人的眼里是俗气的暴发户，因此，换换形式，坐下来用茶的清香代替酒臭与令人眩晕的脂粉香，一副清清素素的样子，虽然主旨还是在谈钱，但是，感觉却已是不一样的了。

西双版纳州茶文化传播中心的门厅一景

禅茶表演

到茶馆里喝茶，其实是一种消磨。年纪一点点添上去，火气一点点降下来，茶一点点淡下去，时间一点点流过去。一杯清茶在手，于老朋友重逢，是老故事新演绎；于新朋友相聚，是相逢何必曾相识。说着聊着，情谊也就有了味道。

一直以来，为在京城品茶找不到一家适意的茶馆而闷闷不乐。虽说当下公认的茶馆当为老舍茶馆，但是，老舍茶馆里的那种氛围，显然更多得是在做给客人，特别是展示给那些想了解老北京民俗的海内外游人看的，于是，图个热热闹闹就好了。但是，要知道有多少人其实只想找个清清静静的地方，那种只闻茶香，那种一俟进去坐下就挪不动脚步的地方，消磨去“偷来的”一个白天或者一个夜晚。

想来，走进一家看上去环境不错的茶馆，茶还没有泡好，隔壁房间里的麻将声就已经声声入耳的感觉，大多数人都是体会过的。因此，自己但凡得到好茶，都会寻找一处清静的地点，让朋友们不辞劳累地从京城的四面八方聚集到一起来。

好在，那天与茶友来到了坐落在京城朝阳区光华路泰达时代中心的百年香普洱茶会馆，算是圆了我多年参加茶馆品茶会的梦。

俗话说，来得早不如来得巧。这天正是百年香普洱会馆搞品茶会的日子。于是，迅速地进入会馆，把室外近37℃的酷热扔在了门外，在禅音的陪伴下，以一道名为“寻源普洱”的禅茶表演开始了快乐而又写意的普洱茶之旅。

美丽而又知性的百年香主人安敏

有好茶喝，会喝好茶。美丽而知性的会馆创始人安敏用自己女性特有的味蕾及思想，为茶客打造的这款“寻源普洱”，竟然让我喝到了“东方美人”茶特有的蜜香味，一时间让我竟然分不清自己是在品味普洱还是在品味白毫乌龙茶？那么，既然顶级的东方美人茶可成为国礼，这“寻源普洱”也当享有同样待遇才是。

味蕾的旅行刚和柔美的寻源普洱见面，马上又迎来霸气而又正当年的南糯和班章两种普洱茶。其实，懂行的人都知道南糯与班章在霸气中也是有区别的。就好比，一位二八的女子和刚成年的小伙相遇，一阴一阳，一柔一壮。彼此唱着“恰似你的温柔”、“我很丑可是我很温柔”就走到了一起，无论是寻常地摆放在一起，还是作为大礼送给亲朋好友，浓妆淡抹总是那样的相宜。

浓妆淡抹总相宜

在一个让你觉得自己不另类的地方小憩，那滋味是何等的难得。环顾左右，尽是一干精神抖擞的都市人。这也正好是给了那些因不了解普洱茶而对普洱茶乱加评论的人士一个响亮的回应：谁说喝普洱茶是老年人的事情？谁说中国的茶人目光短浅？在百年香会馆，我看到的是大家从各行各业走到了一起，无他，只为了同是普洱茶的粉丝，暂且先称其为“洱丝”吧。有这样一些有消费实力的“洱丝”存在，还怕这被称为“能喝的古董”的普洱茶不能保持旺盛的生命力吗！

第一次与百年香相遇，感想可谓多多。其中一条就是：这种会馆正是笔者谋划了多年，却未能实现的。而美丽的安敏却在京城创办了起来。这也好，省了自己一直谋划的辛苦了。那就放下心来好好地享受吧。正好，百年香普洱会馆藏有经典的“百年香七品”，要想一品一品地品出其中个味来，还真得认认真真地下大工夫呢。看来，在未来一段时间里，又有正事儿干了！

知性“洱丝”们

百年香七品

既有“百年香七品”，那自然是要有事茶的七姑娘的，经她们的妙手冲泡出来的茶汤那滋味当是千万个茶客，千万种滋味了。

会馆美丽的七姑娘

偷来的一个下午很快就过去了，回想起来，除了那茶那味那人以外，难忘的还有什么呢？除了水磨中静静观望的各色茶宠们，还有藏在紫砂罐中休养生息的普洱茶们，以及静静等待茶友的茶具：

来，七姑娘，再上一碗寻源普洱，然后我再借用时下正流行着的灰太狼的口头语，悄悄地对你说：我会回来的！

对了，忘了告诉亲爱的茶友们了，百年香会馆的这位女创始人安敏，也是位云南人哦！

甚喜！甚喜！

七姑娘的收藏

静静地等待

南糯山普洱茶茶汤

座上客

茶人的茶家

你要去普洱茶批发市场

据有关部门统计，在中国现有的占地面积10亩以上的3600多家批发市场中，茶叶批发市场仅有18家，而云南境内被列入名单的仅有3家。一家是位于昆明市官渡区的作为销地的云南康乐茶文化城，另外两家是位于普洱市的作为产地的中国普洱茶叶交易市场和普洱茶源广场。其余的就是置身于1600多家综合性批发市场中。换句话说，在你的身边众多的批发市场中，你总能寻找到一家适合自己的可以不时去逛逛的茶叶批发市场。

既然是茶叶批发市场，那么由与奥运会五环颜色相似而组成的包括红茶、绿茶、白茶、青茶、黑茶在内的中国茶的各种茶品均可以找到。甚至可以说你只要进入任何一家批发市场的店铺，店主都会像变戏法似的，提供出你要找的任何一款茶品。

一次偶然的机会，自己走进了位于北京百旺商城四楼茶城的闽浦珊山茶庄，结识了18岁就开始采茶、做茶、卖茶的茶人妈妈，说起自己的茶来可真是如数家珍一般。坐在一旁喝着她冲泡的茶水，观看她与客人谈生意也是一种享受。不是吗，客人来到，请其坐下，开始品茶，如果来人欲买茶，她只问客人买此茶“是想自己喝还是送人？”如果是送人，那么就是送的一片心意，所以不但品质要好，卖相也要好；如果是自己喝，那么自己的味蕾自己控制。问清楚后，她便会为客人推荐相应的茶品。而且还认认真真地仔细为客人讲解并示范该茶的冲泡方法及保存方式。只有爱茶、懂茶性的茶人才能对自己的茶如此的自信与关怀。于是，在深谙茶性的母女俩这里，来的都是回头客。

当然,除了进行产品销售之外,还不忘与茶文化专家进行交流。拥有众多弟子的中国农业大学茶文化专家徐晓村先生便是这里的座上客。

那么，注重行内交流的刘红英母女在茶博会上的收获也就不足为奇了。2008年在北京农展馆举办的茶博会上，她们邂逅了带团参展的杨加龙厂长，并为其富有特色的产品而吸引，都是懂茶人，交流起来也就方便了许多。于是，仅此一面之交，闽浦珊山茶庄成了该厂在北京的总代理。具有典型的云南人特征的杨厂长，往茶庄发了一批又一批的货，当然，茶庄也认真、努力地为这些深藏在云南边疆的好东西进行着推广。

因同是云南人的原因，笔者有幸成为这南北合作佳话的见证人。 2009年6月底，杨厂长终于再次北上。北上的原因，又是因为茶博会，不过这次的会址在大连了。但是，有心的厂长，特意提前出发，为的是先来北京打个尖儿，再次会会茶庄母女俩。于是，第二次握手就产生了。

懂茶的人见面，是不需要客套的，拿茶出来，茶就是对话的内容。在茶庄，女主人拿出了一种又一种的茶品来向厂长展示，厂长也摆开了架势，认真地品判了起来。俗话说地好“只有知己知彼，才能百战不殆”嘛。这种无私的交流模式一直成为杨、刘两家友谊的催化剂。不是吗，杨厂长的普洱茶好，但是，同样爱茶如生命的茶庄母女能够把这好的普洱茶泡得更好！甚至在杨厂长演示其泡茶过程的时候，茶庄母女还能指出其间可以改进的地方。

茶庄母女一直在夸杨厂长实在，最后还总结了一句：云南人就是实在。啊！让一旁蹭茶喝的笔者心中狂喜不已：要知道，我也是云南人哦！于是，我就更实在地喝起了他们冲泡的茶来。

交流

七碗茶

茶之情

请人吃饭还是请人品茗

现而今，各种因公因私组合的吃吃喝喝举不胜举，但是，那日的老友小聚，却是令人欣喜的。一顿“午餐”竟然从11：30吃到了下午17：00。据说，散了以后，部分人员还余兴未了地又择良地继续了。

现在的朋友聚会，于我而言，吃饭是次要的，品茶、斗茶成了主要的内容。当然，让自己担当茶艺师，已是聚会时朋友们不二的选择。而自己也是越来越有兴致，与朋友共享自己的好茶与好器，一直是自己的愿望。此次，更是把小酩君为自己定制的圆珠壶也带了过来。

这尚显年轻的圆珠壶，也许是因为自己太过爱惜的原因，还没有经历太多茶汁的洗淋，但是，爱壶、知壶、懂壶的人都知道，壶只有用起来才会充满生命力。因此，这把准备用生普洱茶汤泡养的曼生壶家族的一分子，相信在未来的时光中会焕发出全新的生命。记得，小酩君到京时，看到我把这爱壶高高地放在百宝格上，忍不住心疼地对我说：壶要养才能出好！

品过了朋友带来的台湾高山茶——雪梨茶，也品过了这里的专职茶艺师友情赠送的武夷岩茶——大红袍。当然，自己带过去的倮倮06也受到了大家的欢迎。只是考虑到品的茶显然已经有点杂了，带去的2001年宫廷普洱就成了最后的“赠品”，同坐的女友毫不犹豫地把其收到了自己的帐下。

品茶，听朋友有一句没一句地聊着，时间也悄悄地过去了。细想，此次活动之所以让人流连，一是有好茶喝，二是有好友在座，三是环境宜人。

这不错的环境所在地，其实就在一向被我认为京城交通最密集地界——北京的一条小胡同中。推开门进去，不大不小的四合院里，春意盎然。仿佛把一切的俗事都扔到了门外。果然，整个院子里，只听得见低低的禅音，在座的人们，一个个都在轻声交谈，全然没有在豪华消费场所中常见的人声鼎沸、呼来唤去的声音，实乃小资生活也。

再看院中水塘里悠然游戏的锦鲤，以及生机勃勃的绿植，除了好好地享受生活，别无长物。

在自然光下泡茶是茶人不二的选择

有朋自远方来，不亦乐乎

话说那日，按倮倮茶仓博友在博客上发布的地址，自己利用从北京到昆明出差的机会，直赴其茶家而去。有朋自远方来不亦乐乎的倮倮茶仓，兴致很高地捧出了店里收藏的1983年的倮倮茶。于是，朋友几个坐下便开始烧水、醒茶、品茶。在一泡一泡之间，我们的思绪也仿佛从是年的春日回到了那已经逝去的岁月。

1983老茶第1泡

1983老茶第2泡

1983老茶第3泡

1983老茶第4泡

1983老茶第5泡

1983老茶第6泡

1983老茶第7泡

1983老茶第8泡

1983老茶第16泡

行家都说普洱茶是能喝的古董。喝起越老的普洱茶，自己的味蕾在卷去那陈年的尘土味的同时，那如潮的思绪可是万万控制不住的。我相信，虽然从1983年到2009年国家可以历数的大事小事不少，可是，对于每一个特定的个体，每一年的感受是截然不同的。于是，在座的几人都只能把自己深深地埋藏在这缓缓升起的茶香中。

这该算是倮倮茶仓的典型标志

在国家盛世的时候，人们最愿意做的事情就是收藏了。诸如瓷器、玉石、书画等等，无一不是价值倾城，但是收藏家却愿意为此而付出自己的全部身家。然而，我们看多了这些被固化了的藏品在年代的转换中，出现了多少悲欢离合的故事，而且收藏家们除了戴上白手套，一次又一次地小心翼翼地轻爱抚之外，似乎别无他图。

而普洱茶的收藏却是大大不一样了。当年的普洱茶收集到自己的茶柜中以后，过一些时候，你就可以把它打开，先闻其香，再把茶壶置于茶炉上，烧上一壶开水，或者独品，或者请上佳友几位，品上一壶普洱茶香。一年又一年，此茶的味道会是越来越陈，越来越滑，越来越香，越来越醇，更有爱普者，还写上了品普日记，认真地记录下每一次品饮的感觉。这也就是喜爱普洱茶的茶客，每每在新茶上市的时候，总愿意成双成对地购买普洱茶的原因——一份供自己不时地品尝，一份是历经多少年后在确认品质达到最佳的时候，才会打开来品尝的。

忘了是在一份什么资料上看到普洱茶价格的一种说法：当年的普洱茶最不值钱，之后每一年就长一倍。比如，今年我以280元买来的有机普洱瓜茶，到了明年就成了560元，后年就成了1200元……上帝啊，这种计价方式，可是比炒股还刺激人呢！如此算来，自己在倮倮茶仓喝到的这一壶茶，竟然是无价之宝了。而且，细想来，自己茶柜里的那些普洱茶还真是价值不菲了呢！哈哈，无意中，自己也混到了“富姐”的行列了。

不知道这种计价方式是否合理，但是有一点是含糊不得的：当年的普洱茶肯定是最便宜的，所以不论是喝的还是收藏的，都尽可以大胆地去购来。没有必要存在茶商那里，等到了第二年或者第三年的时候再去花那冤枉钱吧！

话是越说越远了。还是回过来接着说我们喝的1983年的倮倮茶吧。

喝着、品着，从第一泡到第十六泡，一次感官上的盛宴就要结束了。回头一看，在满屋的普洱茶中，女儿格格与倮倮茶仓家的小土豆也玩得难舍难分了。小小的土豆，打小就受着普洱文化或者说是倮倮文化的熏陶，潜移默化中对茶已经有了一种本能的喜爱了。这不，自己刚把《茶之趣》这本书奉上，土豆已经眼疾手快地抢将过来，往自己的小嘴里塞。我猜，他当时脑袋里肯定在想：“哼，你们喝老茶，不让我喝，那我就吃书给你们看。”哈哈！

倮倮茶装在公道杯里如同葡萄酒一样也是酽酽的

美丽女子，泡茶更动人

她学泡茶，回去泡给老爸喝

人长得漂亮，自然要秀一把了，在学泡茶的同时，不忘摆点姿势。过程总是美好的，看客欣赏着，相信心情也是愉快的。

这一罐已醒好的生茶，可以喝多久？

喝着普洱茶，心情大好，溢于言表

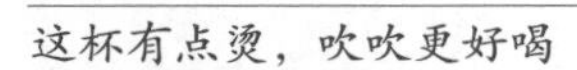

这杯有点烫，吹吹更好喝

为普洱，嫁云南

陕西与云南的距离有时很远，远到千山万水；有时也很近，近到一声心里的呼唤也能听见。这小女子——网名叫心灵的音符——因为普洱茶，恋上了云南一位钟情普洱茶的小伙子。

于是，一切理所当然。她现在的生活重心：云南小伙，云南普洱茶，两两不分离。当然，她也思念远在西安的父母亲人，一年，总要回去一两趟。再回云南时，细心的她总要带点那边的特产与她心仪的云南小伙一起品尝，也不忘给茶友捎带黑花生让大家惊喜……

来云南一年，看来她已成功与普洱茶融和，从容，淡定，优雅。她与她的他一起边吃黑花生边谈全国的喝茶人百态，说有些人嫌普洱茶便宜，有些人又嫌普洱茶太麻烦，还要拿什么针啊刀啊的来撬……

因普洱茶而爱上云南小伙子的她

几种蹭茶人

其实，但凡做茶的人，都难免会碰到一些蹭茶喝的人，只是，有些蹭茶人蹭得可爱、蹭得高明，因为他们本身爱茶、懂茶、素质高，只是因为消费能力的原因致使他们不买茶或买少量茶品，这种蹭茶人，相信茶商都愿意与之交流、品饮，甚至送茶与他们，因为我就是这样的。

但有些蹭茶人就显得低劣了，这往往表现在他们除了蹭茶喝外，还蹭饭，还脸不红心不跳地故意吹嘘自己要垄断你的某款茶，其实我都感觉到对方在吹嘘自己实力时偶尔表现出来的矛盾（毕竟，真正有实力的人是根本不用吹嘘自己的），但有时却也不忍拆穿他们。我明明知道她是骗子了还要泡茶给她喝请她吃饭……因为怕他们难堪……不知这是喝茶久了，悟到些“禅”，变得“慈悲为怀”了，还是变得没有性格了？

有的故意跟我讲价，将价格压到连原料价都不够时再以“太贵了”的话来结束“谈判”，再自然离去（再过一年，他们又来了，因为他们以为我记不得他们了……我晕）。

还有的甚至蹭书，他们会说“借这本书看看，上面好多内容我都没看过呢，过两天来还”，一脸真诚学习的样子，相信茶商们都希望消费者们越来越懂得普洱茶、越来越爱普洱茶，所以，往往会借出去的。但谁知这一借就石沉大海，杳无音信。

但不管如何，相信茶人始终会欢迎所有来客的，不管对方是什么身份，身家多少。毕竟，在茶面前，人人平等（虽然人的确分三六九等），因为茶，才有缘相见；毕竟，在茶面前，人，显得多么渺小，人的生命跟茶树的生命比起来，显得多么短暂……

以茶会友

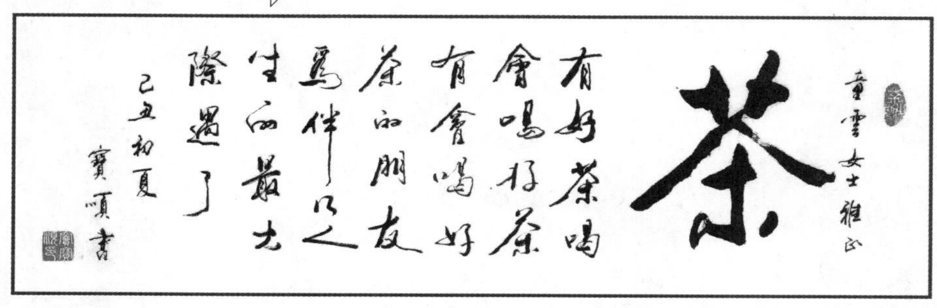

中国母亲的爱心首选——七子饼茶

千百年来，不论是中国人还是外国人，在其生命过程中，最看重的事情，就是成人结婚了。因此，为人父母的家长，特别是当母亲的总希望在自己的孩子出嫁的时候，能有显示女方家庭特色的物件儿，出现在孩子的新家中。

为此，不难看到这样的场面，在女儿出嫁的时候，母亲当着众亲朋好友的面，或从一向存放贵重物品的锦袋中，或从自己的手上，掏出条项链或摘下个镯子、戒指什么的，亲自戴在即将为人妇的女儿项上或手上。

同样，我们也不难看到，在一些地区，特别是少数民族地区，女孩子基本上从会使针线开始，就在自己的闺房中为自己未来的出嫁准备各种各样的嫁妆，而这些嫁妆的主色调，自然是以中国红为主的。想来这也就是针线活被称为的原因之一了吧。

其实，在众多的嫁妆中，除了那种一眼能看出价值的物品之外，母亲最希望让女儿带走的是最能体现母亲心意的礼物。因此，获得“能喝的古董”殊荣的普洱茶便悄然走入了嫁妆队伍中。既被称为古董，那么其中隐含的意义是不言而喻的。看到扮演和珅的专业户王刚谈起自己女儿时的那种温柔情愫，主持着《天下收藏》电视栏目的他，想必是不会放过这普洱茶的。

记得在自己刚开始接触普洱茶的时候，卖家推荐的普洱茶中，七子饼茶当属金贵的一种。问及为何比别的普洱要贵时，掌柜的用很不解的眼神看着我说了句：“这可是七子饼啊！”

凡懂普洱茶的人们都知道，普洱茶通常分为散茶、沱茶、圆茶、紧茶、饼茶。当然，在这个分类中，紧茶通常指的是砖茶，而这里的圆茶，说的就是七子饼茶了。说起来这个七子饼茶是很讲究的。在中国的传统观念中，七子为多

福字茶饼

子多孙多富贵的意思。在有的少数民族地区，儿女亲事，非送七子饼不可，此风俗代代相传至今。据说在旅居东南亚一带的侨胞中，现在也很盛行这种风俗。严格来讲，七子饼茶每块净重357克，每七个为一筒，每筒重2500克。这也就是为什么普洱茶一提总是装七饼的原因了。中国的茶文化真是无处不在，连小小的一提茶也在传播着自己独特的茶语。

于是，终于明白，自己收藏的“2006倮倮普洱易武古树秋茶”设计的独具匠心了。不是吗，一款一幅云南古代彝族风俗图案，一提七个图案，不论是收藏、馈赠还是品饮，皆证明了拥有者的品味。于是，顺理成章地在该产品推出的当年就为其奠定了普洱茶江湖的地位，也悄然成就了越来越多的普洱茶粉丝之恋。

于是，也终于明白，在冥冥之中，自己会一而再、再而三地参与到云南普洱茶的品饮与收藏活动中去。原来，家有小女的自己，潜意识中已经在为自己的孩子准备嫁妆了。

而自己对普洱茶的热衷也得到了女儿的认可。每当我说，等她出嫁的时候会给她当嫁妆时，小小的她竟然也会面露羞涩。我相信，在今天的京城，我这种精心为女儿准备嫁妆的母亲或许还真的不多呢！不是吗，为了让这充满天地灵气的物件儿，能够实现品质的成功转换，作为现实拥有者的自己，还得不时地打开柜子给这些宝贝们透透气；而且最受煎熬的就是，爱茶的我还得抵抗住自己想把那茶拆开品饮的欲望。想来，一年又一年，在这个过程中，对孩子的爱也就融进去了。

在现时社会中，人们常说的一句话是：能用钱摆平的事情是最好办的事情，而能够始终拥有一款好七子饼茶就不是花钱能办到的事情。请问，爱心是花钱能买来的吗？那么，还有哪一种古董里面会融有如此多的爱心呢！

因此，说七子饼茶是中国母亲的爱心首选，一点也不为过。

正好，有位年轻的同事结婚了，自己精心挑选了一饼普洱茶，请单位的同仁在上面签上名字后作为纪念品送给她，并认真地告诉她：“等你金婚的那天再打开来品品，看看是什么滋味！”同事的回答也很干脆：“我一定要好好地打造自己的婚姻生活，到时候与大家共享金婚的幸福！”

真是位热爱生活的年轻人！

同事准备收藏至金婚纪念日时再品的普洱茶

后记

一

还是实话实说。

经“爱茶入骨髓”的童云邀约，合编一本内容全是普洱茶事的书，深感喜哉！幸哉！这是我想了一年的梦想，无奈这样那样的原因，终究没有成事。而童云的速度那可真是“迅雷不及掩耳”，才听她前脚讲要出本书，后脚她就将大纲经QQ传了与我，真让我感叹，我在普洱茶的缓慢生活中离“速度”二字似乎有点远了，但这回我一定要跟上童云的三分之一速度，在她规定好的时间内将我要整理的内容补上才是。

第一次写后记，想了好多，不知从何谈起，要不，我就把后记当杂谈来写吧。先说跟童云的认识到相见，2008年，我们在新浪博客上一来二往的交流后，于2009年初第一次见面，记得我们就那样静静地相坐茶仓饮茶，间或轻轻地说点茶话，却也如几十年交情似的那样一点也不生分，一见如故。亲近而真实的感觉在我们之间传送着。这一生，这样的情景交融能有几次呢？这是谦谦君子茶的联谊，这是两颗热爱茶心的纠缠。分别两地后，我们继续通过网络进行茶事交流，千里的距离，仍扯断不了相互怀念的线……一如对一款好普洱茶的想念一般。一天没品,睡不着,思念着。

我再说点前世吧！呵呵，我想我的前世一定是位乐善好施的人，不然，今生，怎么会有那么好的福气？因我生长、生活在云南，因我跟普洱茶结缘，因我在茶路上能得到众多茶人、茶客的支持与厚爱。更不知前世的多少次回眸，多少场共叙言欢、多少年深交情谊，才换来今生的我，能跟很多爱好普洱茶的朋友相识相知。要感谢的人很多，我想在时间空间有限的情况下，自己照顾好自己，平安地活着就是对关爱方的一种回馈吧。

当然，更要感谢普洱茶这一联姻的灵物。这灵物一般的普洱茶啊，我心甘情愿跪倒在她的面前，五体投地。古时智慧的云南濮人发现了她后就将她奉献给神、图腾及祖先，迁徙时，茶树栽在房前屋后，留与后人的也是那片叶（茶树、传统工艺）……她神奇瑰丽，她是云南的尤物，她是当代人的福祉，是忙碌喧嚣钢筋水泥丛林中离家奔波人儿疲惫身心的精神港湾。在普洱茶的茶汤里，一半天使一半魔鬼的我们的灵魂更干净了，我们的举止更谦恭了，群居的我们内心不再那么孤独了，我们的家人、朋友更和谐相处了。她虽只是一片树叶，一款茶，一种饮料，但她就是这样神奇，自然中的个中情趣，得茶客朋友们自己去感悟了。

二

正如徐晓村老师所言，写书的过程其实就是一趟味蕾的旅程，不是为了宣扬自己对普洱茶方面的研究，而是因为自己觉得云南普洱茶是个好东西，所以就记下了在旅程中的所见所闻。

在这里，首先要感谢那些认识或不认识的茶文化专家们，是他们花了大力气，让我们这些普洱茶的粉丝们可以腾出精力来关注出现在眼前的各种各样的普洱茶茶品。其次就是那些能够热情地向自己讲解普洱茶相关品饮知识的茶人们，是你们让我一步一步地成为云南普洱茶的铁杆粉丝，并愿意把自己的感受记录下来，与新近普粉们分享。最后，感谢摄影师HARRY及何河老弟用自己精湛的技艺为我们拍下了这些美丽的图片；感谢记者武立新提供了其多年在云南茶山采访的珍贵资料；更要感谢书法家东军君继《茶之趣》之后又一次为我们题写书名，为本书增色不少。

还是那句话：虽然这本名为《一壶普洱》的小册子已完成，但是，对于堪称一饼一故事的云南普洱茶来讲，仅仅是个小引子，相信众多的普洱茶粉丝们定会谱写出更加丰富的篇章的。

云南普洱茶，给力！

一壶普洱

参考文献

1. 童云.茶之趣.北京：中国农业大学出版社，2008
2. 徐晓村.中国茶文化.北京：中国农业大学出版社，2005
3. 石昆牧.经典普洱.北京：同心出版社，2005
4. 徐亚和.解读普洱.昆明：云南美术出版社，2006
5. 邹家驹.漫话普洱茶.昆明：云南民族出版社，2005
6. 林清玄.平常茶 非常道.石家庄：河北教育出版社，2008
7. 邓时海.普洱茶.昆明：云南科学技术出版社，2004
8. 徐晓村.茶文化学.北京：首都经济贸易大学出版社，2009
9. 李霁弘，胡波.普洱茶文化辞典.北京：机械工业出版社，2007
10. 张军.看茶.北京：中国社会出版社，2008
11. 达三茶客.游和顺.昆明：云南人民出版社有限责任公司，2010
12. 农业部市场与经济信息司.中国农产品批发市场发展报告（2010）.北京：中国农业大学出版社，2010